地理大千世界丛书

自然灾害

ziran zainai

策划 刘宝骏 建华

主编 胡祖芬 谢丽华

百花洲文艺出版社
BAIHUAZHOU LITERATURE AND ART PRESS

编写说明

　　本着激发地理求知兴趣、开拓地理视野、服务中学地理教学的宗旨，本套丛书从宇宙、大气、海洋、地表形态等方面对地理知识进行了多角度的阐述。丛书力求突出如下特色：内容生动活泼，选材主要来自日常生活、社会焦点和科学技术前沿；栏目新颖丰富，设置了智慧导航、小风铃探究、眼镜爷爷来揭秘、智慧卡片等栏目；结构清晰严谨，每册丛书有一个主要课题，每个章节都对这个课题进行了诠释。

　　本套丛书对丰富学生地理知识、培养地理学习兴趣、树立正确的地理情感和观念有着积极的作用。它是中学地理教材的重要补充，是学生获得更多地理知识的重要来源。本套丛书注重知识的探究、发现、感悟和建构，对学生思维能力、分析操作能力的培养也是大有裨益的。

　　全套丛书共十册，由叶滢主编，其中《宇宙星神》由王雪琳、廖琰洁主编，邓春波参加编写；《风云变幻》由徐强、兰常德主编，汪冬秀、肖强参加编写；《走进海洋》由刘林、肖强主编；《华夏览胜》由邓春波、彭友斌主编，廖琰洁参加编写；《世界漫游》由文沫、赖童玲主编，邱玉玲参加编写；《鬼斧神工》由汪冬秀、刘小文主编；《人地共生》由刘煜、徐小兰主编；《自然灾害》由胡祖芬、谢丽华主编；《学以致用》由谭礼、罗奕奕主编；《千奇百怪》由杨晓奇、邱玉玲主编。全套丛书由叶滢负责统稿定稿，廖琰洁、邱玉玲、徐小兰、肖强也参加了统稿工作。

在本书的编写过程中参考和引用了一些学者、教师的研究成果及相关资料，限于篇幅不能一一列举，在此一并表示诚挚的感谢！

这套丛书的出版，希望能得到广大中学生读者的喜爱。地理知识是博大精深的，也是不断与时俱进的。限于我们的水平和时间，这套丛书中难免会有不尽如人意之处。我们诚恳地希望大家提出宝贵意见，以便日后修改，不断完善。

丛书编写组
2012年7月

目录
MULU

第一章　沧海桑田 …………………………… 1

　二、地震知识你知道 …………………… 6

　三、惨烈的地震 ………………………… 10

　四、地震的预测和自救 ………………… 13

第二章　咆哮的大海 ……………………… 22

　一、海啸是怎么产生的? ……………… 23

　二、历史的记忆——海啸灾难 ………… 27

　三、海啸来了怎么办? ………………… 35

第三章　地球内部的涌动——火山 ……… 45

　一、火山知识你知道 …………………… 46

　二、火山给我们带来什么? …………… 53

　三、火山的防御 ………………………… 62

第四章　大气预警——气象灾害 …………… 69

　一、台风 ……………………… 70

　二、沙尘暴 …………………… 91

　三、寒潮 …………………… 106

第五章　水崩地裂——洪涝与干旱…………119

　一、干旱 …………………… 120

　二、洪涝 …………………… 129

第六章　滑坡、泥石流灾害………………152

　一、滑坡 …………………… 153

　二、泥石流 ………………… 159

第一章 沧海桑田

智慧导航

在地理课堂上，老师经常会很自豪地告诉你："我们以世界7%的土地，养活了世界22%的人口。"如果我告诉你："中国以世界7%的国土，承受了全球33%的大陆强震。"你会有什么感觉？自20世纪以来，中国共发生6级以上地震近800次，死于地震的人数达55万之多，占同期世界地震死亡人数的53%，中国地震之多，伤亡之重，让人震惊。

地震给我们带来那么多的灾难，地震是怎么产生的呢？

小风铃探究

在古代，人们对地震发生的原因不了解，怎样来解释地震呢？

眼镜爷爷来揭秘

在我国，民间普遍流传着这样一种传说，他们说地底下住着一条大鳌鱼，时间长了，大鳌鱼就想翻一下身，只要大鳌鱼一翻身，大地便会颤动起来。用现代人的眼光分析这种传说，简直是荒诞不经。但持这种说法的国家，并不只有中国。

在古希腊的神话中，海神普舍顿就是地震的神。南美还流传着支撑世界的巨人身子一动，引起地震的说法。古代日本认为，日本岛下面住着大鲶鱼，一旦鲶鱼不高兴了，只要将尾巴一扫，于是日本就要发生一次地震。

古印度人认为，地球是由站在大海龟背上的几头大象背负的，大象动一动就引起了地震。

台湾古老传说中，认为地底下有一只大地牛，平常在睡觉，当它翻身的时候，牵动大地震动，就会发生地震。

新西兰传说地下住着一位女神，名叫"地母"。当地母发怒的时候，会挥动手脚，造成大地震动，于是便发生地震。

新西兰的毛利族认为，火山和地震之神罗奥摩柯在母亲低头喂奶时，不小心被压入地下，此后他就不断地咆哮，并且喷出火焰。

希腊哲人亚里斯多德认为，和缓的地震来自于地球内部的风吹出洞穴，而严重的地震则是由吹入地下洞窟的大风造成的。

随着现代科技越来越发达，人们已经不再相信这些神话传说了。那么，地震究竟是怎样形成的呢？

地壳中的岩层在地应力的长期作用下，会发生倾斜和弯曲。当积累起来的地应力超过岩层所能承受的限度时，岩层会发生断裂和错位，使长期积累的能量急剧地释放出来，并以地震波的形式向四周传播，使地面发生震动，形成地震。

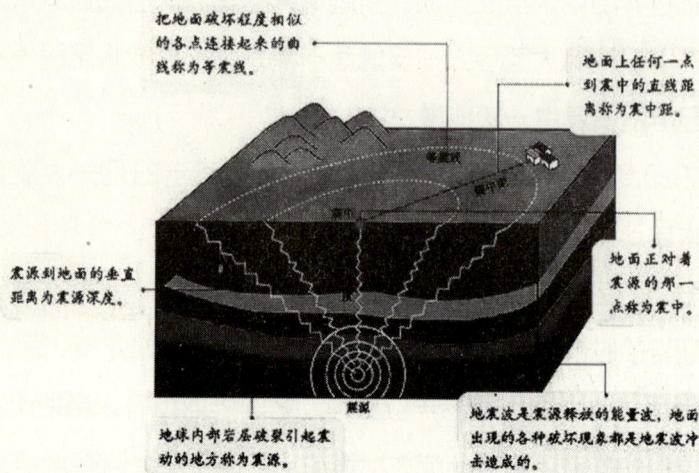

把地面破坏程度相似的各点连接起来的曲线称为等震线。

地面上任何一点到震中的直线距离称为震中距。

震源到地面的垂直距离为震源深度。

地面正对着震源的那一点称为震中。

地球内部岩层破裂引起震动的地方称为震源。

地震波是震源释放的能量波，地面出现的各种破坏现象都是地震波冲击造成的。

地震构造示意图

小风铃探究

地震有哪些类型？我们人类能引发地震吗？

眼镜爷爷来揭秘

构造地震亦称"断层地震"。地震的一种，由地壳发生断层而引起。地壳在构造运动中发生变形，当变形超出了岩石的承受能力，岩石就发生断裂，在构造运动中长期积累的能量迅速释放，造成岩石震动，从而形成地震。波及范围广，破坏性很大。世界上百分之九十以上的地震、几乎所有的破坏性地震都属于构造地震。

火山地震是由于火山活动时岩浆喷发冲击或热力作用而引起的地震，称为"火山地震"。火山地震一般较小，数量占地震总数的7%左右。

陷落地震是由于地下水溶解了可溶性岩石，使岩石中出现空洞并逐渐扩大，或由于地下开采形成了巨大的空洞，造成岩石顶部

岩层陷落可能引发地震

和土层崩塌陷落，引起地震，叫"陷落地震"。地震能量主要来自重力作用。

在特定的地区因某种外界因素诱发而引起的地震，称为"诱发地震"。这些外界因素可以是地下核试验、陨石坠落、油井灌水等，其中最常见的是修建水库引发的地震。

水库蓄水后改变了地面的应力状态，且蓄水渗透到已有的断层中，起到润滑和腐蚀作用，促使断层产生新的滑动，从而引发地震。

智斗赛诸葛

有人说2008年汶川强震是建设三峡大坝才引发的，你认为呢？

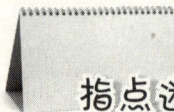

指点迷津

水库引发的地震一般发生在库区附近，并且震级一般不超过6级。汶川离三峡大坝约1000公里，距离太远，所以说汶川地震和三峡工程没有联系。

二、地震知识你知道

1. **地震波**。一般来说，地震发生的时候会产生纵波（P波）和横波（S波），纵波传递速度较快，可以在固体、液体和气体中传播，横波传递速度较慢，只能在固体中传播。地震发生后，首先是纵波到达地面，引起房屋的上下抖动，然后才是横波，使房屋左右摇摆，这时候房屋容易倒塌。记住哦，纵波到达地面后，横波来到之前，是我们遇到地震逃生的黄金时间，不要错过哦。

2.震级。震级一般用里式震级来表示，震级相差一级，能量相差约30倍，如果相差两级，能量相差900倍哦。1次6级地震相当于1.1颗广岛原子弹，而8级的汶川地震相当于1070颗，已知的最大地震1960年智利大地震震级8.9级，相当于23810颗广岛原子弹，能量多么巨大啊！

根据震级地震可以分为：3级以内的叫微震；3—5级的叫有感地震；大于5级的称为破坏性地震。

3.地震烈度。烈度是指地震时，地面受到的影响和破坏程度。一次地震只有一个震级，但在不同的地方，地震破坏程度不同，这就是烈度。一般来说，震源越浅，距震中越近，震级越高。地质结构越不稳定，地面防震措施越差，地震烈度越高。

地震烈度

烈度	地震现象。
Ⅰ度	人无感觉，仪器能记录到。
Ⅱ度	个别完全静止中的人感觉得到。
Ⅲ度	室内少数人在完全静止中能感觉到。
Ⅳ度	室内大多数人能感觉到，室外少数人能感觉到，悬挂物震动，门窗有轻微响声。

Ⅴ度　　室内大多数人有感觉，梦中惊醒，家禽不宁，悬挂物明显晃动，少数液体从装满的器皿中溢出，门窗作响，尘土落下。

Ⅵ度　　很多人从室内跑出，行动不稳，器皿中液体剧烈动荡甚至溅出，架上的书籍器皿翻倒坠落，房屋有轻微损坏甚至部分损坏。

Ⅶ度　　人从室内匆忙跑出，许多房屋损坏以致少数破坏，地表产生裂缝。

Ⅷ度　　人很难站住，房屋损坏或破坏，工厂烟囱损坏，地面裂缝喷出夹泥沙的水，常有滑坡和山崩。

Ⅸ度　　许多房屋被破坏，少数倾倒，工厂烟囱损坏，地裂缝多，绵延很长，很多滑坡和山崩，常有井泉干涸或新泉产生。

Ⅹ度　　许多房屋倾倒，工厂烟囱大多倒塌，地裂缝宽十几厘米，裂缝带可绵延数千米，个别情况下岩石中有裂缝，道路变形。

Ⅺ度　　房屋普遍破坏，路面大段破坏，铁轨弯曲，地面除许多裂缝外，大规模坍塌，地表产生相当大的垂直和水平断裂。

Ⅻ度　　房屋以及其他建筑物普遍破坏，山崩地裂，地形改观，由于滑坡山崩等影响，动植物遭受毁灭。

4. 地震云。

地震即将发生时，因地热聚集于地震带，或因地震带岩

地震云

石受强烈引力作用发生激烈摩擦而产生大量热量，这些热量从地表面溢出，使空气增温产生上升气流，这气流于高空形成"地震云"，云的尾端指向地震发生处。

智斗赛诸葛

地震发生时，在水中游泳的人会感到（ ）

A. 左右摇晃　　　　B. 先摇晃后颠簸

C. 先颠簸后摇晃　　D. 上下颠簸

指点迷津

横波不能在液体中传播，在水中只能感觉到纵波的到来，答案是D，你答对了吗？

三、惨烈的地震

地球上每天都在发生地震，一年约有500万次，其中约5万次人们可以感觉到；可能造成破坏的约有1000次；7级以上的大地震，平均每年有十几次。

你知道唐山大地震吗？汶川地震是不是给你留下了深切的记忆？

《唐山大地震》电影海报

唐山大地震灾情景象

1. 唐山大地震

　　1976年7月28日03时42分53.8秒，在河北省唐山、丰南一带发生了强度里氏7.8级地震，持续约12秒。有感范围广达14个省、市、自治区，其中北京市和天津市受到严重波及。强震产生的能量相当于400颗广岛原子弹爆炸。整个唐山市顷刻间夷为平地，全市交通、通讯、供水、供电中断。

　　唐山地震没有小规模前震，而且发生于凌晨人们熟睡之时，使得绝大部分人毫无防备，造成24.2万人死亡，重伤16.4万人，名列20世纪世界地震史死亡人数第一。

2. 汶川大地震

汶川地震纪念碑　　　　　等待救援　　　　天安门下半旗志哀

名称：	5·12汶川地震
时间：	2008年5月12日14时28分04秒
地理位置：	震中心为四川省汶川县映秀镇
震中经纬度：	北纬30.986°，东经 103.364°
震源深度：	14km
震级：	里氏震级8.0级
伤亡人数：	69227人遇难，374643人受伤，失踪17923人
汶川地震简表	

小风铃探究

　　在上面我们知道了，地震能造成巨大的灾难，那么地震灾害能预测吗？如果我们遇到了地震，应该怎么办？

四、地震的预测和自救

1. 地震的预测

1966年邢台地震后，周恩来总理在中南海请李四光和翁

自左至右分别是周恩来、李四光、翁文波

中国地震台网地震预报部某次会议

文波谈话，说："我请你们来是要你们做地震预报，这是我给你们的任务。"中国也从此拉开了地震预测预报工作的序幕。

海城地震：1975年海城大地震的预报是震前6小时发布的，这是世界上唯一一次准确的地震预报。中国地震工作者在地震前准确地作出短期预报和临震预报，从而拯救了众多生命。1975年2月4日19点36分，我国辽宁省海城、营口县一带发生了一次强烈地震，震级7.3级。海城地震的成功预报，震动了世界。这是人类在自然灾害面前由被动到主

海城地震纪念碑

动的具有重大意义的一步，它开创了人类短临地震预报成功的先河。据估计，海城地震预报拯救了10万余人的生命，避免了数十亿元的经济损失，仅就这一点来说，这次预报可以说是地震科学史上的一座丰碑。

小风铃探究

我们曾经成功地预测过海城地震，极大地减轻了海城地震的伤亡，那么，地震发生前有哪些异常呢？

智慧卡片

地震前的动物异常

震前动物有预兆，密切监视最重要。

牛羊骡马不进厩，猪不吃食狗乱咬。

鸭不下水岸上闹，鸡飞上树高声叫。

冰天雪地蛇出洞，大鼠叼着小鼠跑。

兔子竖耳蹦又撞，鱼跃水面惶惶跳。

蜜蜂群迁闹哄哄，鸽子惊飞不回巢。

家家户户都观察，发现异常快报告。

2. 地震的自救

地震时，上课的同学可躲在课桌下

地震发生时，如果你在学校，你可以选择：

躲避在课桌下、讲台旁，教学楼内的学生可以到空间小、有管道支撑的房间里，地震来了要听老师指挥，有秩序地离开，不要慌乱，更不能跳楼。

地震发生时，如果你在街上行走，你可以选择：

地震发生时，高层建筑物的玻璃碎片和大楼外侧混凝土碎块，以及广告招牌、马口铁板、霓虹灯架等，可能掉下伤人，因此在街上行走时，最好将身边的书包或柔软的物品顶在头上，无物品时也可用手护在头上，尽可能作好自我防御的准备，保持镇静，并迅速离开电线杆和围墙，跑向比较开阔的地区躲避。

在空旷处避难

地震发生时，如果你在自己家里，你可以选择：

地震预警时间短暂，室内避震更具有现实性，而室内房屋倒塌后形成的三角空间，往往是人们得以幸存的相对安全地点，可称其为"避震空间"。这主要是指大块倒塌体与支撑物构成的空间。

室内易于形成三角空间的地方是：

炕沿下、坚固家具附近；

内墙墙根、墙角；

厨房、厕所、储藏室等空间小的地方。

地震发生时，如果你在户外，你可以选择：

就地选择开阔地避震；

蹲下或趴下，以免摔倒；

不要乱跑，避开人多的地方，不要随便返回室内；

避开高大建筑物或构筑物：

楼房，特别是有玻璃幕墙的建筑；

过街桥、立交桥；高烟囱、水塔下；

避开危险物、高耸或悬挂物：

变压器、电线杆、路灯等；广告牌、吊车等。

避开其他危险场所：

狭窄的街道；危旧房屋，危墙；女儿墙、高门脸、雨篷下；砖瓦、木料等物的堆放处。

智慧卡片

张衡和地动仪

中国东汉时期，首都洛阳及附近地区经常发生地震。张衡细心观察和记录每一次地震现象，用科学的方法分析了发生地震的原因。经过多年的反复试验，公元132年，张衡制造出了中国乃至世界上第一个能预报地震的仪器，取名"地动仪"。龙头和内部通道中的发动机关相连，每个龙头嘴里都衔有一个铜球。对着龙头，八个蟾蜍蹲在地上，个个昂头张嘴，准备承接铜球。当某个地方发生地震时，樽体随之运动，触动机关，使发生地震方向的龙头张开嘴，吐出铜球，落到铜蟾蜍的嘴里，发生很大的声响，所以人们就可以知道地震发生的方向。

张衡和地动仪

小故事大智慧

汶川地震幸存者的讲述

今年（2008年），56岁的谭斌是汶川县水磨镇众成冶炼公司的一名管理人员。经过将近24小时的跋涉，他终于和其他4个同事一起从距离汶川县城50公里的地方，到达了都江堰市城区。13日下午，这名幸存者，讲述了自己的逃生经历。

12日下午2时28分左右，工人们正在工厂上班，站在院子中间的谭斌忽然感到地面晃动起来。"站都站不稳，我赶紧蹲了下来。"他回忆，地面先是左右晃动，然后就像波浪一样"翻滚"起来。

车间里的工人赶紧放下手中的活，纷纷往外跑，但剧烈的晃动却使他们一个个摔倒在地。工人们相互牵拉着，才得以从厂房爬到院子里。而这时，屋顶已经开始坍塌，雨点般落下的砖瓦，砸中了好几个工人。

瞬间，谭斌的大脑一片空白，过了好久才反应过来——大地震了！

一瞬间，一个美丽的山中小镇消失了：房屋几乎全部被夷为平地，大量居民被埋在瓦砾之下，幸存下来的家畜被吓得四处乱窜……几分钟前还生机盎然的小镇，变得满目疮痍、惨不忍睹。

电力中断、供水中断、通讯中断……下午5时左右，谭斌与4名幸存下来的同事决定：逃离这个"死亡之地"。

从水磨镇到都江堰市区，40公里的路程，要在平时开车不到1个小时。但现在，别说是车辆了，就是徒步也几乎无法行走。强烈的地震，使得沿途桥梁几乎全部被毁，多处长达上百米的隧道也出现塌方。更为严重的是，余震不断，道路两旁的高山上不时隆隆滚下巨石……

谭斌和4个同伴手挽着手，展开艰难跋涉。遇到隧道被阻，他们就翻山越岭；遇到桥梁中断，他们就顺着河流，寻找最浅的地方趟到对岸。尽管小心翼翼地防着山体滑坡，谭斌的膝盖还是被滚下的石块砸伤了。

雨一直在下，汗水混着雨水早就把衣服打湿了。天色渐暗，最难捱的黑夜来临了。漫山遍野不时传来石块滚落的声音，一眼望去，看不到一丝光亮。

"最恐怖的是失去与外界的联系。"谭斌已经记不清摔了多少次跤、被石块砸中多少次，但刻骨铭心的孤独感、无助感更让他惊悸不已。

第二天下午，在到达距离都江堰市区大约20公里的地方时，他沉寂了20多个小时的手机终于收到了第一条短信。接着，他看到了解放军的救援人员，一车车、一队队的解放军官兵顶着暴雨，艰难地向灾区挺进；两架直升机在空中盘旋……

"解放军来了，我们就不怕了。"谭斌和4个同伴不约而同地说。

抵达都江堰市区后，谭斌急切地拦了一辆车，赶往德阳与家人团聚。

"经历了生死磨难，你最大的感触是什么？"记者问他。

谭斌一字一顿地说："平安就好。"

第二章 咆哮的大海

智慧导航

亲爱的同学们，你们见过大海吗？喜欢去海边吗？阳光、海岸、沙滩，是多么的令人向往啊！听，"海风你轻轻地吹，海浪你慢慢地摇……"大海就像妈妈一样，那么的美好，那么的温柔。

可是，妈妈也会有发脾气的时候，想知道我们的海洋妈妈为什么发脾气吗？她生气了，我们怎么办？

一、海啸是怎么产生的？

海啸是由海底地震、火山喷发、泥石流、滑坡等海底地形突然变化所引起的具有超长波长和周期的大洋行波。

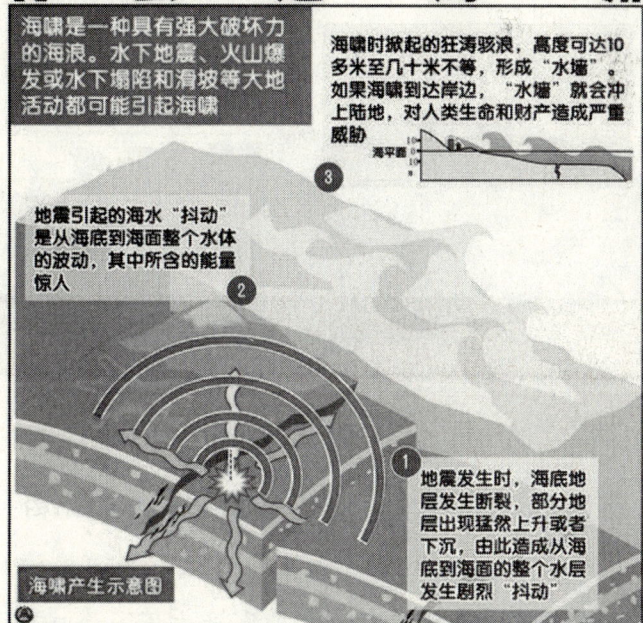

什么是海啸

海啸是一种具有强大破坏力的海浪。水下地震、火山爆发或水下塌陷和滑坡等大地活动都可能引起海啸

海啸时掀起的狂涛骇浪，高度可达10多米至几十米不等，形成"水墙"。如果海啸到达岸边，"水墙"就会冲上陆地，对人类生命和财产造成严重威胁

海平面

③

地震引起的海水"抖动"是从海底到海面整个水体的波动，其中所含的能量惊人

②

①

地震发生时，海底地层发生断裂，部分地层出现猛然上升或者下沉，由此造成从海底到海面的整个水层发生剧烈"抖动"

海啸产生示意图

林汉志 编制（新华社12月26日发）

当它接近近岸浅水区时，波速变小，振幅陡涨，有时可达20~30米以上，形成水墙，侵入沿海陆地，造成危害。大部分海啸产生于深海地震。

地震发生时，海底地层发生断裂，部分地层出现猛然上升或者下沉，由此造成从海底到海面的整个水层发生剧烈"抖动"。这种"抖动"与平常所见到的海浪大不一样。海浪一般只在海面附近起伏，涉及的深度不大，波动的振幅随水深衰减很快。地震引起的海水"抖动"则是从海底到海面整个水体的波动，其中所含的能量惊人。海啸时掀起的狂涛骇浪，高度可达10多米至几十米不等，形成"水墙"。

海啸的形成条件

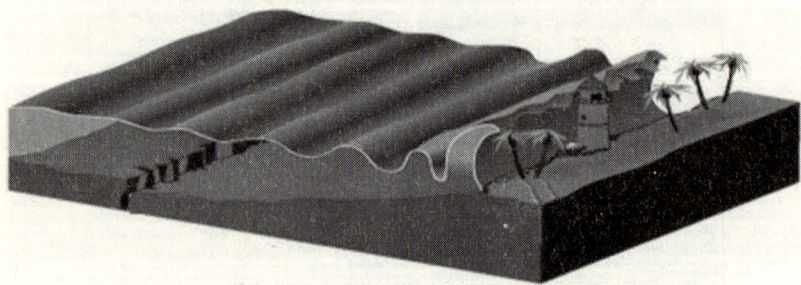

海啸登陆示意图

1.**深海**。地震释放的能量要变为巨大水体的波动能量，那么地震必须发生在深海，因为只有在深海海底上面才有巨大的水体。发生在浅海的地震产生不了海啸。

2. 大地震。

地震震级:	7	7.5	8	8.5	8.75
海啸等级:	0	1	2	4	5
海啸最大浪高（m）:	1.0~1.5	2~3	4~6	16~24	>24

地震震级、海啸等级和海啸浪高的关系

从上表可知，只有7级以上的大地震才能产生海啸，震级越高，海啸强度往往越大。太平洋海啸警报的必要条件是：海底地震震级大于7.8级，并且震源深度小于60千米。从这一角度也能说明海啸灾害都是深海大地震造成的。

3. 开阔并逐渐变浅的海岸条件。当海啸波浪进入浅水区域之后，与洋底的摩擦使它们速度减缓，同时，由于波浪的表面和底部之间的范围越来越狭窄，后面的波浪不停地赶上前面的波浪并叠加，最后汇成一个高高的水墙。

海啸大致可以分为两类，一类是近海海啸，也叫做本地海啸，海底地震发生在离海岸几十千米或者一二百千米以内，海啸波到达沿岸的时间很短，只有几分钟或者几十分钟，很难防御，灾害大。另一类是远洋海啸，是从远洋甚至横越大洋传播过来的海啸波。远洋海啸波长很长，能达到几百千米，长波在传递过程中能量损失很小，传播到几千千米以外仍能造成很大的灾害。

考 考 你

海啸和风暴潮的区别

（1）成因不同。风暴潮是由海面大气运动引起的，而海啸是由海底升降运动造成的，前者主要是海水表面的运动，而后者是海水整体的运动。

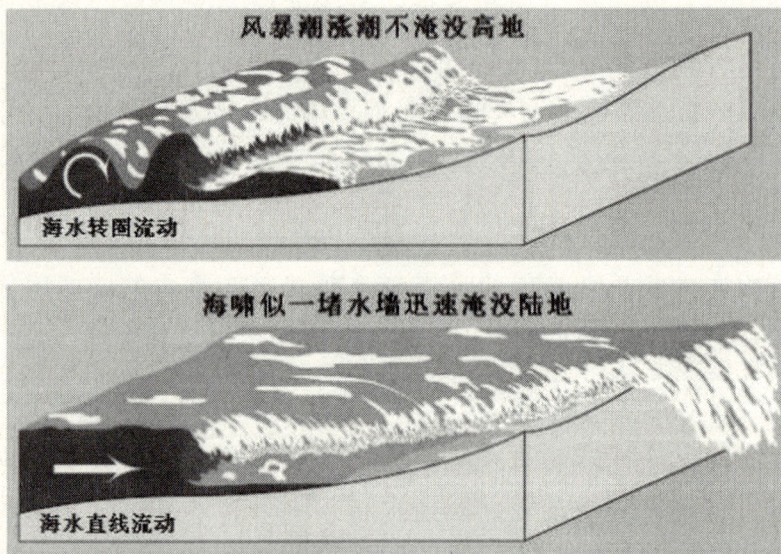

（2）波长不同。海啸的波长长达几百公里，而风暴潮的波长不到1公里。

（3）传播速度不同。海啸传播速度快，每小时可达700-900公里，这正是波音747飞机的速度，而水面波传播速度较慢，风暴潮要快一点，最快的台风速度也只有200公里/小时左右，比起海啸要慢得多。

（4）激发的难易程度不同。海浪或风暴潮很容易被风或风暴所激发，而海啸是由海底地震产生的，只有少数大地震，在极其特殊的条件下才能激发起灾害性的大海啸。有风和风暴，必有风暴潮；而有大地震，未必一定产生海啸，大约十个地震中只有一两个能够产生海啸。

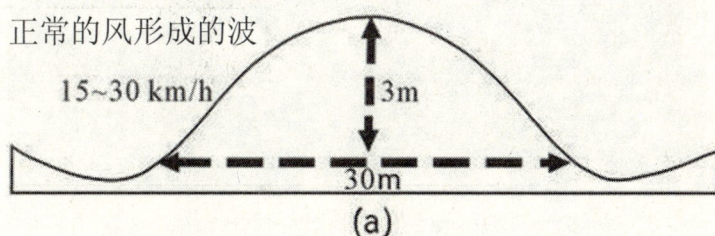

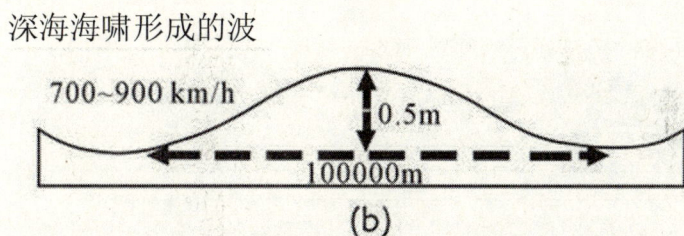

正常的风形成的波

15~30 km/h

3m

30m

(a)

深海海啸形成的波

700~900 km/h

0.5m

100000m

(b)

二、历史的记忆——海啸灾难

1. 1960年智利大地震及其引发的海啸

1960年5月21日下午3时，智利发生9.5级地震。这是有仪器记录以来最大的一次地震。地震造成智利2万人死亡。大震之后，忽然海水迅速退落，露出了从来没有见过天日的海底，约15分钟后又骤然而涨，滚滚而来，浪涛高达8-9

1960年智利大地震引发的海啸袭击夏威夷后的惨状

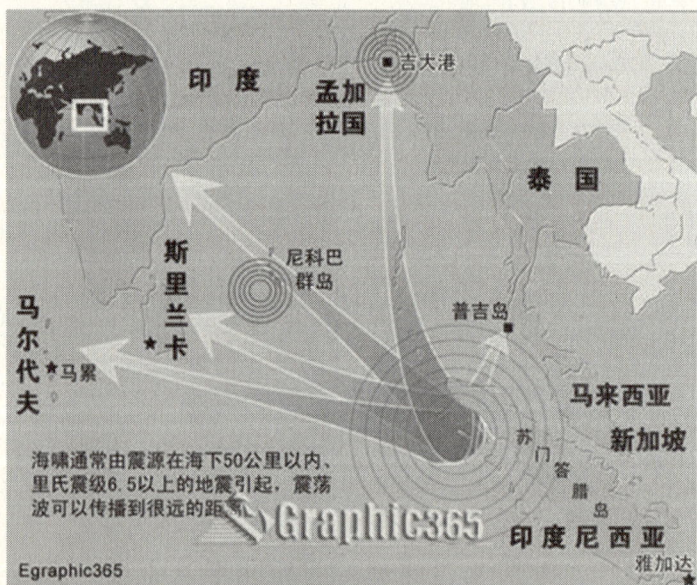

印度

孟加拉国

吉大港

泰国

斯里兰卡

尼科巴群岛

普吉岛

马尔代夫

★马累

马来西亚

新加坡

海啸通常由震源在海下50公里以内、里氏震级6.5以上的地震引起，震荡波可以传播到很远的距离。

苏门答腊岛

Graphic365

印度尼西亚

雅加达★

Egraphic365

2004年印度尼西亚地震海啸示意图

马尼拉海岸遭海水袭击一片狼藉

泰国南部旅游胜地普吉岛遭海啸袭击后的航拍照片

2011年日本地震海啸系列图片

福岛核电站航拍

米，最高达25米，以摧枯拉朽之势，袭击着智利和太平洋东岸的城市和乡村。

海啸到太平洋彼岸的日本列岛时，波高仍有6-8米，最高8.1米。日本的本州、北海道等地都遭到了极大的破坏，数百日本人被突如其来的波涛卷入大海，几千所住宅被冲走、冲毁，2万多亩良田被淹没，15万人无家可归，港口、码头设施多数被毁坏。

2. 2004年印度尼西亚地震海啸

2004年12月26日北京时间上午9时，印度尼西亚苏门答腊岛以北印度洋海域发生里氏8.5级强烈地震，并引发海啸，这场突如其来的灾难给印尼、斯里兰卡、泰国、印

时间 **3月23日** 地点 以加勒比海为中心

目的 是对教科文组织2005年在加勒比海及其周边地区建立的海啸预警系统进行测试

加勒比海

参与国家 包括美国、加拿大、巴西、秘鲁、斯里兰卡在内的33个沿海国家将参与其中

崔莹 编制 新华社发

全球33个沿海国家将举行大规模海啸预警演戏

度，马尔代夫等国造成巨大的人员伤亡和财产损失。到2005年1月10日为止的统计数据显示，印度洋大地震和海啸已经造成29.2万人死亡，这可能是世界近200多年来死伤最惨重的海啸灾难。

3. 2011年日本地震海啸

2011年3月11日，日本气象厅表示，日本于当地时间11日14时46分发生里氏9级地震，地震引发了巨大海啸，日本官方已确认地震海啸造成8133人死亡（2011年3月20日），失踪12272人。

地震造成大量伤亡，并引发大海啸，导致福岛核电站发生爆炸，多座核反应堆泄漏辐射物质。周边30公里范围居民大疏散。

小风铃探究

中国处于浩瀚的太平洋西部，海区辽阔，海岸线绵长曲折，濒临西北太平洋地震带。那么，我国沿海会不会发生地震海啸？远洋海域发生的地震海啸会不会波及我国并造成灾害性破坏呢？

眼镜爷爷来揭秘

　　看出来了吗？中国沿海大部分属于大陆架，水浅，不利于海啸的形成与传播，中国沿海发生海啸的可能性极小，平均200年才发生一次；外海形成的海啸受到了岛屿的阻挡，对中国影响很小，智利大海啸发生时，海啸波传至上海时，在吴淞口验潮站只记录到15～20厘米波高的海啸。2004年印度尼西亚地震海啸时，海南岛三亚验潮站记录的海啸浪高只有8厘米。

三、海啸来了怎么办？

　　1. 地震是海啸最明显的前兆。如果你感觉到较强的震动，不要靠近海边、江河的入海口。如果听到有关附近地震的报告，要做好防海啸的准备，注意电视和广播新闻。要记住，海啸有时会在地震发生几小时后到达离震源上千公里远的地方。

　　2. 海上船只听到海啸预警后，应该避免返回港湾，海啸在海港中造成的落差和湍流非常危险。如果有足够时间，船主应该在海啸到来前把船开到开阔海面。如果没有时间开出海港，所有人都要撤离停泊在海港里的船只。

3. 海啸登陆时海水往往明显升高或降低，如果你看到海面后退速度异常快，立刻撤离到内陆地势较高的地方。

4. 每个人都应该有一个急救包，里面应该有足够72小时用的药物、饮用水和其他必需品。这一点适用于海啸、地震和一切突发灾害。

小故事大智慧

小故事大智慧 —— 小英雄蒂莉

南亚大海啸发生时，泰国普吉岛哀鸿遍野，但泰国万豪酒店附近沙滩却没有人死亡或重伤，这一切都归功于十岁的英国小女孩蒂莉·史密斯，她谨记从地理课学得的海啸将临先兆，及时通知沙滩上一百人疏散，把他们从鬼门关救了出来。小英雄蒂莉获邀参观联合国总部，获美国前总统克林顿表扬。

大海啸发生当日，蒂莉跟父母和妹妹在普吉岛度假，早上一家人到海滩散步时，蒂莉突然发现眼前有异样："我看见海水起了泡沫，在边缘之处嗞嗞冒出来，就像煎东西一样。海水涌来，却没有退去，不断向酒店方向涌来。"蒂莉两周前刚在地理课学过海啸知识，看过海啸录影带。她知道地震产生的巨浪，几分钟内就要来袭，向父母讲出情况，父母半信半疑没有回应，她却歇斯底里坚持己见。

蒂莉和克林顿

　　"我妈妈不知道沙滩上发生了什么，因为她小时候没有学过海啸知识。"蒂莉妈妈说这是正常的，蒂莉继续歇斯底里地大叫大嚷。幸好她爸爸相信她，决定带着8岁的小女儿霍莉返回酒店，顺便告知酒店员工有关蒂莉的警告。

　　蒂莉担心警告传得太慢，自己跑回沙滩，找上酒店的日裔厨师说。"他知道tsunami这个字，因为这是从日文来的，但他没有亲眼见过。"厨师与一名酒店保安人员叫了一百人迅速逃走。在海滩上的人群走了数分钟后，巨浪就来袭了。

　　为了答谢蒂莉的机警救人事迹，联合国邀请史密斯一家到纽约，会晤联合国"国际减灾战略"的官员，还有担任大海啸重建特使的克林顿。

克林顿对蒂莉大为赞赏，强调灾难教育的重要性："蒂莉的故事提醒人们，生死之别在于教育。所有孩子都应该学防灾知识，学会天灾来时应该怎么做。"

另类"海啸"

天下第一潮

钱塘江大潮

你听说过钱塘江大潮吗？知道它什么时候最壮观吗，想知道原因吗？

钱塘潮指发生在浙江省钱塘江流域、由于月球和太阳的引潮力作用、使海洋水面发生的周期性涨落的潮汐现象。

长忆观潮，满郭人争江上望。来疑沧海尽成空，万面鼓声中。弄潮儿向涛头立，手把红旗旗不湿。别来几向梦中看，梦觉尚心寒。

这是北宋诗人潘阆的《酒泉子》，真实记录了钱塘潮，也产生了一个新名词："弄潮儿"，亲爱的小读者，是不是也很想做这个时代的"弄潮儿"呢？

钱塘江大潮常被称为"天下第一潮"，那么，它的形成原因有哪些？

农历八月十六日至十八日，太阳、月球、地球几乎在一条直

钱塘江大潮

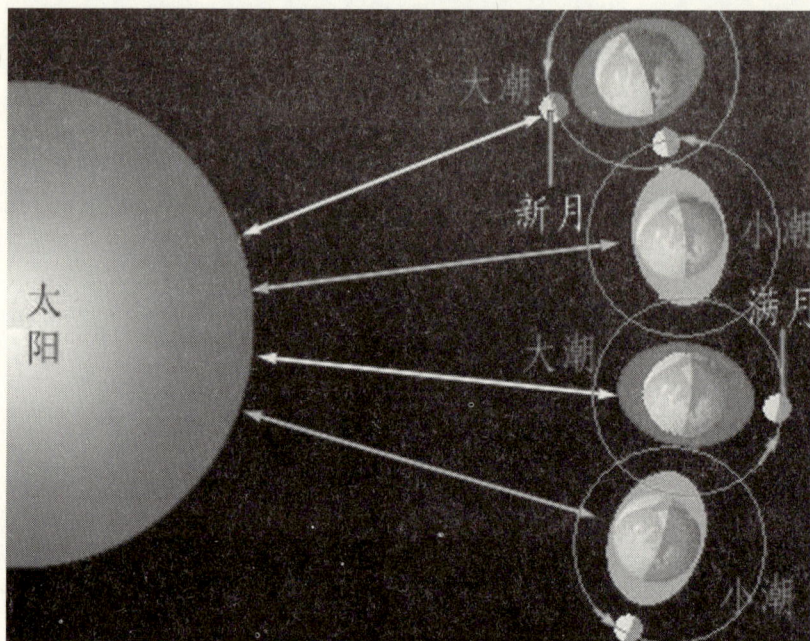

潮汐中的大潮和小潮示意图

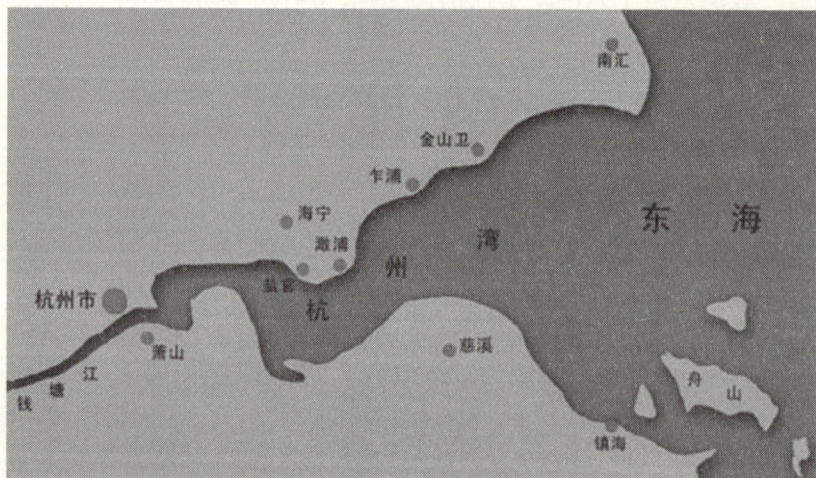

钱塘江口呈喇叭形

线上，海水受到的潮引力最大。

钱塘江口状似喇叭形。钱塘江南岸赭山以东近50万亩围垦大地像半岛似地挡住江口，使钱塘江赭山至外十二工段酷似肚大口小的瓶子，潮水易进难退，杭州湾外口宽达100公里，到外十二工段仅宽几公里，江口东段河床又突然上升，滩高水浅，当大量潮水从钱塘江口涌进来时，由于江面迅速缩小，使潮水来不及均匀上升，就只好后浪推前浪，层层相叠。其次，还跟钱塘江水下多沉沙有关，这些沉沙对潮流起阻挡和摩擦作用，使潮水前坡变陡，速度减缓，从而形成后浪赶前浪，一浪叠一浪。

沿海一带常刮东南风，风向与潮水方向大体一致，助长了潮势。

我们了解了钱塘潮，那么观赏钱塘潮哪里位置最佳呢？

海宁市盐官镇东南的一段海塘为第一佳点。这里的潮势最盛，且以齐列一线为特色，故有"海宁宝塔一线潮"之誉。潮头初临时，天边闪现出一条横贯江面的白练，伴之以隆隆的声响，酷似天边闷雷滚动。潮头由远而近，飞驰而来，宛若一群洁白的天鹅排成一线，万头攒动，振翅飞来。潮头推拥，鸣声渐强，顷刻间，白练似的潮峰奔来眼前，耸起一面三四米高的水墙直立于江面，倾涛泻浪，喷珠溅玉，势如万马奔腾。潮涌至海塘，更掀起高9米的潮峰，果然"滔天浊浪排空来，翻江倒海山为摧！"这一簇簇声吞万籁的放射形水花，其景壮观，其力无穷，据说有一年，曾把一只一吨多重的"镇海雄狮"冲出100多米远。当潮涌激起巨大回响之后，潮水又坦然飞逝而去。有人这样写道：

一线潮

交叉潮潮头相撞

"潮来溅雪欲浮天，潮去奔雷又寂然"，十分确切地描绘了潮来潮往的壮观景象。

在第二个观潮佳点 ——盐官镇东8公里的八堡，可以观赏到潮头相撞的奇景。海潮涨入江口之后，因为南北两岸地势不同，潮流速度南快北慢，潮头渐渐分为两段。进展神速的南段称为南潮；迟迟不前的北段潮头，在北岸观潮者看来，是来自东方，故称东潮。当南潮扑向南岸被荡回来，调头向北涌去，恰与姗姗来迟的东潮撞个满怀。霎时间，一声巨响，好似山崩地裂，满江耸起千座雪峰，着实令人触目惊心！

在第三个观潮佳点 ——盐官镇西12公里的老盐仓，可以欣赏到"回头潮"。这里，有一道高9米、长650米的"丁字坝"直插江心，宛如一只力挽狂澜的巨臂。潮水至此，气势已经稍减，

回头潮 ——观潮要注意安全

但冲到丁字坝头，仍如万头雄狮惊吼跃起，激浪千重。随即潮头转返，窜向塘岸，直向塘顶观潮的人们扑来。这返头潮的突然袭击，常使观潮者措手不及，惊逃失态。

第三章 地球内部的涌动——火山

智慧导航

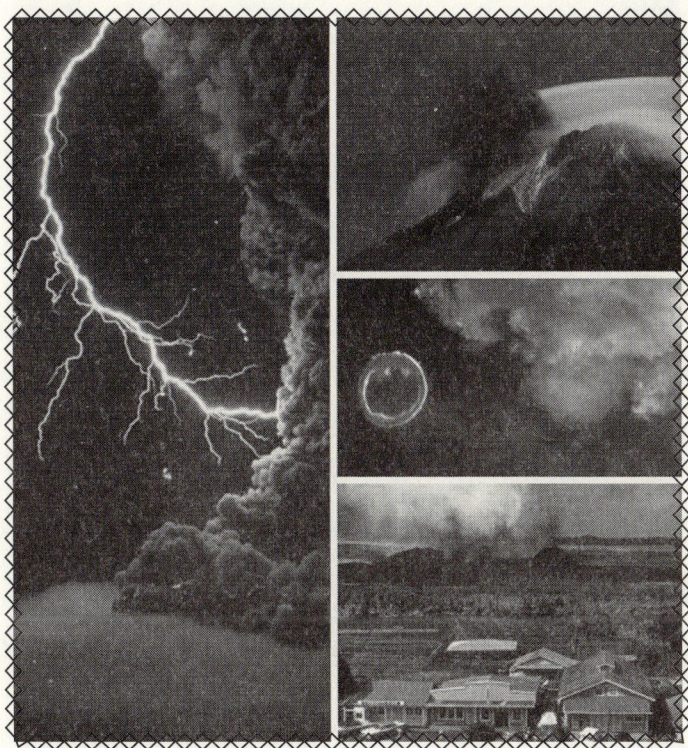

古罗马时期，人们看见火山喷发，以为是火神武尔卡发怒。火山是炽热地心的窗口，是地球上最具爆发性的力量。同学们，你了解火山吗？你知道火山会带来哪些灾难吗？火山也会给我们带来好处，想知道吗？或许你更想知道的是，火山来了我们怎么办呢？让我们一起去寻找答案。

一、火山知识你知道

小风铃探究

火山看起来很绚丽，它是怎么产生的呢？

眼镜爷爷来揭秘

火山喷发是地下深处的高温岩浆及气体、碎屑从地壳中喷出的现象。火山通道是岩浆由地下上升的通道，火山喷出物大部分在火山口周围堆积下来，一般呈圆锥形，叫"火山锥"，位于火山锥顶部或其旁侧的漏斗形喷口，称为"火山口"。

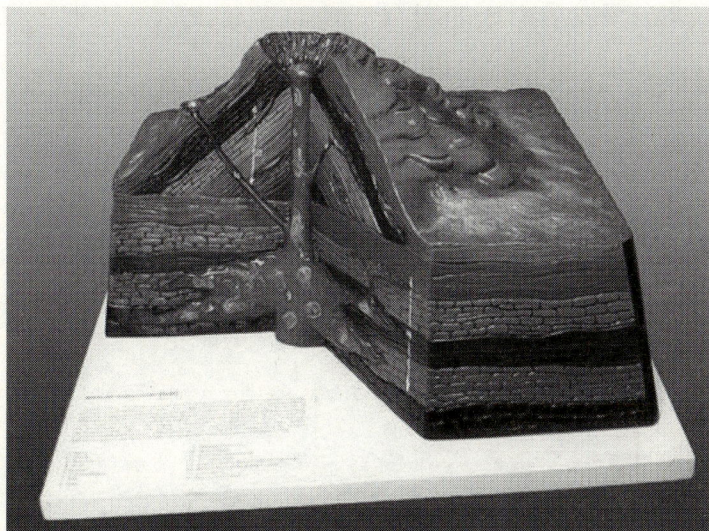

火山的构造

智慧卡片

找两瓶可乐，一瓶轻摇，打开瓶盖，看可乐缓慢流出；另一瓶猛烈摇动，打开瓶盖，看可乐喷出。可乐瓶中的气体缓慢释放，相当于火山慢慢地喷发，火山喷发物中气体较少，火山喷发较缓，叫宁静式的喷发，如果气体较多，气体急剧释放，会形成爆烈式的火山喷发。

火山喷发模拟

47

火山喷发后形成的岩石

火山爆发时，岩浆中分离出的大量火山气体形成泡沫，随后泡沫冷却，气体被"冻结"在浮岩中，浮岩中的气泡约占岩石总体积的70%以上，气泡间只有极薄的火山玻璃和

流纹岩

矿物，因而可以浮于水面之上，故被称作浮岩。你可以轻
轻地举起一大块浮岩。哇，大力士来了！

　　流纹岩是火山喷发时的岩浆、火山灰等在流动过程中冷
却而形成的岩石，流纹岩上有流动的纹路，一般色浅，多
为浅红、灰白或灰红色，具斑状结构、流纹构造。

智慧卡片

阿卡华林卡脚印

阿卡华林卡脚印

危地马拉帕卡亚火山喷发

从高空鸟瞰大同死火山群

你能想象在炽热的岩浆上跑过，在岩浆岩上留下一串脚印吗？请看世界未解之谜 ——阿卡华林卡脚印之谜

长白山天池

中美洲的尼加拉瓜首都马那瓜有一处闻名世界的古迹，这就是在该城西北角的阿卡华林卡脚印。阿卡华林卡脚印位于马那瓜湖畔，距市中心不远。这是一座高墙环绕的院落，院子中央是两个相距不远，4米多深的大坑，一个呈长方形，顶端有篷盖，另一个呈方形，是露天的。两个坑底都印满了密密麻麻的人的脚印和一些动物蹄印。长方形坑长十几米，宽六七米，坑底很平整，像是一块灰白的水泥板，上面大大小小的脚印痕迹十分清晰，都朝一个方向而去。脚的大小与今人的差不多。有的脚印较浅，5个脚指头清晰可辨；有的陷得较深已辨不出是脚印，只能想象是脚陷入淤泥拔出后留下的坑。动物的蹄印中，有的像是山羊或鹿的蹄印，有的也不知道是什么动物留下的。脚印为什么出现在岩浆岩上，目前还没有令人信服的说法。开动脑筋，你能想到这是怎么形成的吗？

火山的分类

夏威夷绳状熔岩

正在喷发和预期可能再次喷发的火山，称为"活火山"。

"死火山"指史前曾发生过喷发，但有史以来一直未活动过的火山。

"休眠火山"指有史以来曾经喷发过，但长期以来处于相对静止状态的火山。

二、火山给我们带来什么？

1. 火山的危害

火山碎屑流来了

　　火山喷出的物质主要有熔岩流、火山泥石流和火山灰。

　　全球每年都有50多次火山爆发。火山爆发时，喷涌的炽热岩浆会吞噬地面上的一切，并引发一系列其他灾害如海啸、泥石流和洪水等。不仅会给人类的生命财产带来严重危害，而且也对人类的生存环境产生极大的影响。这些灾害包括：火山碎屑流、火山熔岩流、火山灰引发的灾难，以及伴随这些灾难连锁产生的环境破坏。

　　夏威夷基拉韦厄火山喷出的绳状熔岩是这样形成的：火山爆发时，岩浆从火山口涌上来在地表流动，由于岩浆表层冷却快，里面冷却慢，表里产生温度和动力的差异，形成对表面的拖曳作用，使相对冷却的岩浆表面产生变形，向流动方向的前方弯曲，类似于绳子，待完全冷却后，就称为"绳状熔岩"。

冰岛火山灰

火山碎屑流是某些火山爆发最具毁灭性的结果。火山碎屑主要为液化的气体、灰和岩石，可能从火山气孔以每小时700公里的速度向外喷出，气体温度通常在100摄氏度~800摄氏度。

智慧卡片

　　　　冰岛火山喷发，环保组织最高兴。

　　冰岛火山喷发给欧洲航空业带来的损失每天高达2.5亿美元，但绿色环保组织却对火山喷发"赞誉有加"。环保人士称，冰岛的火山虽然喷发出了不少火山灰，但欧洲航空业排放的温室气体却大大减少了。按照英国杜伦大学提供的数字，火山喷发初期每天喷出的温室气体大约为15万吨，而欧洲32家航空企业每天排放的二氧化碳高达51万吨（欧洲环境署2007年数据）。火山喷发后，大部分航班被取消，总体上看欧洲大陆上空的温室气体排放量大幅减少。

《超级火山：真正末日》电影海报

小风铃探究

你看过电影《超级火山：真正末日》吗？

智慧卡片

美国黄石公园超级火山

黄石公园超级火山，在黄石国家公园的地底下，潜伏着一个最具破坏力的超级火山，如果黄石公园超级火山有一天喷发了，其爆发的威力相当于100万颗广岛原子弹，火山灰会向天空喷发50公里，喷发量会达到2500万吨，美洲瞬间被毁，火山灰在2天之内就会遍布全球，接着就是核冬天的到来，浓浓的火山灰遮挡了地球的大部分地区，阳光无法照射到地球上，大量的动植物开始死亡，黑色的酸雨遍布全球，这种情况会持续6年~10年。

黄石公园超级火山是不是世界末日我们不知道，但是维苏威火山是意大利庞贝城真正的末日。

维苏威火山口

火山灰掩埋的人体保持了他们遇难时的姿态

五大连池风景区

印尼巴厘岛阿贡火山有世界的肚脐之称

菲律宾吕宋岛马荣火山

从飞机上航拍日本富士山

温泉是旅游的好去处 ——日本猴子在享受温泉

蓝山咖啡种植区

智慧卡片

维苏威火山

维苏威火山是意大利西南部的一座活火山，公元79年的一次猛烈喷发，火山灰埋没、摧毁了当时拥有2万多人的庞贝城。直到18世纪中叶，考古学家才将庞贝古城从数米厚的火山灰中发掘出来，古老建筑和姿态各异的尸体都保存完好，这一史实已为世人熟知。

2. 火山的作用

火山是重要的旅游资源。世界上很有名的风景区很多都是火山区，火山区成为当今旅游和疗养的热点地区。

火山灰和火山岩风化以后的土壤是比较肥沃的，含有的微量元素比较多，生态环境较好。如，牙买加的蓝山咖啡之所以生长良好，除了气候湿润，终年多雾多雨，就是肥沃的火山灰土壤的贡献。

智慧卡片

火山喷发和蓝宝石

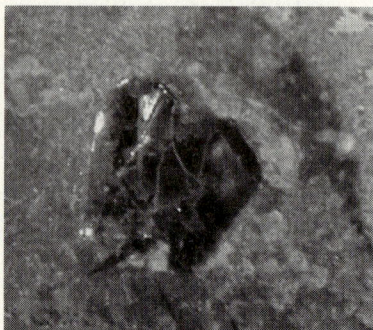

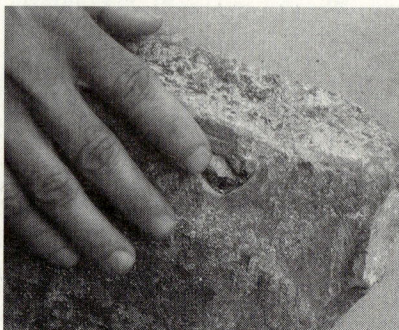

玄武岩中的蓝宝石

三、火山的防御

小风铃探究

火山好可怕呀，火山来了，我们怎么办呢？

智慧卡片

应对火山

1.应对熔岩危害。 在火山的各种危害中，熔岩流可能对生命的威胁最小，因为人们能跑出熔岩流的路线。所以必须迅速跑出熔岩流的路线范围。

2.应对喷射物危害。 如果从靠近火山喷发处逃离，最好找到建筑工人使用的那种坚硬的头盔、摩托车手头盔、骑马者头盔或用其他物品护住头部，防止砸伤。

3.应对火山灰危害。 火山灰具有刺激性，会对肺部产生伤害。逃生时应用湿布护住口鼻，或佩戴防毒面具。当火山灰中的硫黄随雨而落时，会灼伤皮肤、眼睛和黏膜。戴上护目镜、通气管面罩或滑雪镜能保护眼睛 —— 但不是太阳镜。用一块湿布护住嘴和鼻子，或者如果可能，用工业防毒面具。到庇护所后，脱去衣服，彻底洗净暴露在外的皮肤，用干净水冲洗眼睛。

4.应对气体球状物危害。 火山喷发时会有气体和灰球体以超过每小时160公里的速度滚下火山。可躲避在附近坚实的地下建筑物中，如果附近没有坚实的地下建筑物，唯一的存活机会就是跳入水中，屏住呼吸半分钟左右，球状物就会滚过去。

小故事大智慧

小故事大智慧 ——追火山的人

喷发中的火山 ——可能是世界上最危险的拍摄对象了，而马丁·里亚兹就是这样一位"追火山的人"。这位47岁的德国摄影师花了10余年时间，为28座活火山留下影像。

其中包括2008年喷发的印度尼西亚卡瓦伊真火山，他拍下了翻滚着蓝色硫黄火焰的河流；2009年智利的维拉里加火山喷发，他捕捉到了一轮明月悬挂在火山口上的画面；2010年日本樱岛火山喷发，奇异的叉形闪电对着他的镜头放射出耀眼的紫色光芒……

马丁·里亚兹和他的火山

"看火山喷发，就像看一场天然烟花。"最近，他在接受采访时形容道。

这位狂热的火山迷回忆说，自己还是孩童时，一次在意大利的西西里岛旅行，恰逢埃特纳火山喷发，随即为这种大自然的奇妙景观所着迷。

时至今日，他依然会定期探访这座世界上爆发次数最多的火山。最近的一次是今年7月，这座欧洲海拔最高的火山，向空中喷出赤色的岩浆，顺着山坡四散流淌，在漆黑的夜色中闪闪发光。当时，里亚兹扛着器材，就站在喷发的现场。

这并不是他第一次与"危险"亲密接触。2006年，他到印尼爪哇拍摄默拉皮火山。就在他距离山顶不到两公里时，一场地震发生了。伴随脚下的剧烈震颤，火山云升腾起来，火山灰几秒内就遮天蔽日，而火山碎屑如溪流般顺山脊而下。"这或许是我生命中的最后几分钟了。"里亚兹想，但手指并没有停止按下快门。

最终，他逃过一劫。但那"末日般的景象"，烙在了他的脑海中。

不仅如此，火山口冒出的浓烈毒气，喷发时产生的"比飞机起飞还响"的噪音，甚至空中伴随的闪电都会对人造成巨大伤害，但想起"振奋人心的奇妙体验"，里亚兹就忍不住对火山展开一次又一次勇敢的"拥抱"。

里亚兹表示，每座火山都有自己独特的个性和魅力，这些与它们的外形、内部岩浆成分、喷发类型等因素密切相关。作为摄影师，他得花大量的时间研究、计算和等待，才能在最佳的位置拍出最美的照片。

他甚至摸索出一套"火山观赏小窍门"——外形优美的锥形火山会"爆喷"1000摄氏度的火山灰流,一个小时能流500米;而"红火山"则相对宁静,喷出的岩浆流速也较慢。对于后者,就可以近距离观看。"站在离熔岩湖仅仅数十英尺外的地方,这种经历永生难忘。"里亚兹表示,当然,一定得戴上合适的面具和头盔。

对此,有媒体评论说,世界上所有的活火山都是里亚兹的"老朋友",都被他"摸清了脾气"。里亚兹却谦虚地表示:"这么多年来,我唯一能总结出的关于火山喷发的规律,就是它没有规律。"

这位超级"火山粉"对火山的热爱,并没有停留在景观层面。他发现火山拥有的最大财富是热源,在火山活动的地区,地下往往蕴藏大量温泉和热气,中美洲的萨尔瓦多还利用10座间歇性火山产生的热能建造了高能发电站,而夏威夷启来火山口的地热试验井可发电5亿度。此外,火山灰铺积而成的肥沃土壤,也为农业生产提供了极为有利的条件。樱岛火山灰洁面膏,更是日本时尚女孩儿的美容圣品。

"如果没有火山,就没有夏威夷群岛、乞力马扎罗山那样的名胜。"里亚兹说,"火山看上去很危险,但某种程度上说,没有火山就没有人类。"

智力背囊

火山哪里有？

世界主要火山分布

世界上约有2000座死火山和500多座活火山。它们大致分布在几个主要的火山带上。

1．环太平洋火山带。此火山带从南美洲西岸的安第斯山脉起，经中美、北美西部的科迪勒那山脉、阿拉斯加、阿留申群岛，再经堪察加半岛、千岛群岛、日本列岛、中国台湾、菲律宾群岛、印度尼西亚群岛、新西兰而直到南极洲。环太平洋火山带在北美大陆渐行稀疏，但从阿拉斯加半岛开始，又沿一系列弧形的岛屿向西和西南方面延伸，到菲律宾群岛转向南至东南，直至南极洲，而与安第斯山脉南端的火山相连接，形成著名的太平洋"火环"，其中有400多座活火山。

2．地中海火山带。它是一条横亘欧、亚大陆南部，大致呈东西走向的火山带。该带西起伊比利亚半岛，经意大利、希腊、土耳其、高加索山脉、伊朗，东至喜马拉雅山脉，直到孟加拉湾，与环太平洋火山带汇合。

3．东非火山带。此带沿非洲大陆东部的大裂谷地带分布。东非大裂谷由北东而南西贯穿整个高原区，北起红海南端，南到赞比亚河口，长达2500公里。

火山较多的国家有日本、印度尼西亚、意大利、新西兰和美洲各国。日本全境有200多座火山，其中活火山占1/3，印度尼西亚有400多座火山，其中活火山占1/4。这两个国家都有"火山国"之称。

第四章 大气预警——气象灾害

智慧导航

寒潮

俗话说"天有不测风云"，从海洋上吹来的风，可能会带着汹涌的海水，淹没街道，掀翻房屋；从沙漠中翻腾起的气流，可能会卷着漫天的黄沙，给我们下一场"沙雨"。想知道它们都是怎么回事吗？请继续向下看。

一、台风

关于台风名，有很多种说法。其中有一种认为"台风"这个名字是由粤语"大风"（dai fung）演变而来的。粤语"大风"的发音被外国音译，于是有了英文的typhoon，以及法文的typhon。

台风是一种强烈发展的热带气旋，发生在西北太平洋上的热带气旋中心附近，风力在12级或12级以上的气旋叫台风。

智斗赛诸葛

在台风的概念里提到了"中心附近"风力在12级或12级以上的叫台风，为什么不能直接说台风中心呢？台风中心不是风力最大的地方吗？

指点迷津

台风因高速旋转，中心气压极低，有时甚至比高空的气压还低，所以在气压梯度力和重力作用下，高空空气下沉。

台风眼

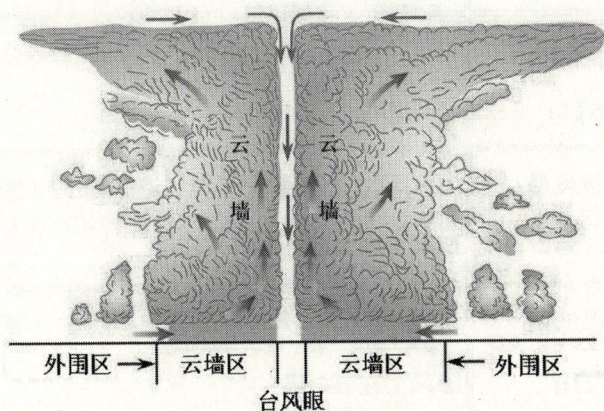

台风结构图

台风中心是台风眼，是一个阳光明媚，风平浪静的地方。你明白了吗，台风中心可是无风的哦。

生成于西北太平洋和我国南海的强烈热带气旋被称为"台风"；生成于大西洋、加勒比海以及北太平洋东部的则称"飓风"；而生成于印度洋、阿拉伯海、孟加拉湾的则称为"旋风"。

名　称	属　性
超强台风 （Super TY）	中心附近地面最大平均风速≥51.0 米/秒，即风力在 16 级或以上
强台风 （STY）	中心附近地面最大平均风速 41.5-50.9 米/秒，即风力在 14-15 级
台风 （TY）	中心附近地面最大平均风速 32.7-41.4 米/秒，即风力在 12-13 级
强热带风暴 （STS）	中心附近地面最大平均风速 24.5-32.6 米/秒，即风力在 10-11 级
热带风暴 （TS）	中心附近地面最大平均风速 17.2-24.4 米/秒，即风力在 8-9 级
热带低压 （TD）	中心附近地面最大平均风速 10.8-17.1 米/秒，即风力在 6-7 级

热带气旋的等级

小风铃探究

你知道台风的形成条件有哪些吗？

眼镜爷爷来揭秘

1. 首先要有足够广阔的热带洋面，海面温度在26℃以上。

2. 在台风形成之前，预先要有一个弱的热带涡旋存在。

3. 要有足够大的地球自转偏向力。

4. 在弱低压上方，高低空之间的风向风速差别要小。

智斗赛诸葛

你知道台风发生的季节吗？冬春季节还是夏秋季节？

指点迷津

台风的产生需要温暖的洋面，要有很高的温度，北半球海洋温度最高往往是8月，所以台风多发生在此前后，夏秋季节多台风。你明白了吗？

台风危害一般由强风、暴雨和风暴潮三个因素引发。

1. 强风

据测，当风力达到12级时，垂直于风向平面上每平方米风压可达230公斤。而且风力与风速的平方成正比，一个以100米/秒速度行进的台风，每平方米建筑物承受的风压达2.5

台风毁了我的家……

数以万计的汽车、房屋被毁

主人，我们住哪儿？

吨。在如此强大风力的作用下，海上船只很容易被吞没而沉入海底；陆上建筑物也会横遭摧毁，从而引起人员伤亡。

2. 特大暴雨

台风是非常强的降雨系统。一次台风登陆，降雨中心一天之中可降下100毫米–300毫米的大暴雨，甚至可达500毫米–800毫米。台风雨的特点是降雨量多，降雨强度大。

3. 风暴潮

风暴潮，就是台风移向陆地时，由于台风的强风和低气压的作用，使海水向海岸方向强力堆积，潮位猛涨，水浪排山倒海般向海岸压去。强台风的风暴潮能使海水位上升5–6米。

小风铃探究

有的台风叫"珊珊"，有的台风叫"珍珠"，还有的台风叫"悟空"，好有趣的名字哦，台风是怎么取名的呢？

智力背囊

台风的命名

台风原来没有统一的名字，一次台风可能会影响到多个国家，也许这个国家取了名字，别的国家只用了一个代号，这样很不方便。国际台风委员会1997年在香港开会的时候，中国香港建议台风名字统一，得到了认可。

　　命名表共有140个名字，分别由世界气象组织所属的亚太地区的柬埔寨、中国、朝鲜、中国香港、日本、老挝、中国澳门、马来西亚、密克罗尼西亚、菲律宾、韩国、泰国、美国以及越南14个成员国和地区提供，以便于各国人民防台抗灾、加强国际区

第1列	第2列	第3列	第4列	第5列	名字来源
达维	康妮	娜基莉	科罗旺	莎莉嘉	柬埔寨
龙王	玉兔	风神	杜鹃	海马	中国
鸿雁	桃芝	海鸥	彩虹	米雷	朝鲜
启德	万宜	凤凰	彩云	马鞍	中国香港
天秤	天兔	北冕	巨爵	蝎虎	日本
布拉万	帕布	巴蓬	凯萨娜	洛坦	老挝
珍珠	蝴蝶	黄蜂	芭玛	梅花	中国澳门
杰拉华	圣帕	鹦鹉	茉莉	苗柏	马来西亚
艾云尼	菲特	森拉克	尼伯特	南玛都	密克罗尼西亚
碧利斯	丹娜丝	黑格比	卢碧	塔拉斯	菲律宾
格美	百合	蔷薇	银河	奥鹿	韩国
派比安	韦帕	米克拉	妮妲	玫瑰	泰国
玛莉亚	范斯高	海高斯	奥麦斯	洛克	美国
桑美	利奇马	巴威	康森	桑卡	越南
宝霞	罗莎	美莎克	灿都	纳沙	柬埔寨
悟空	海燕	海神	电母	海棠	中国
清松	杨柳	红霞	蒲公英	尼格	朝鲜
珊珊	玲玲	白海豚	狮子山	榕树	中国香港
摩羯	剑鱼	鲸鱼	圆规	天鹰	日本
象神	法茜	灿鸿	南川	帕卡	老挝
碧嘉	琵琶	莲花	玛瑙	珊瑚	中国澳门
温比亚	塔巴	浪卡	莫兰蒂	玛娃	马来西亚
苏力	米娜	苏迪罗	凡亚比	古超	密克罗尼西亚
西马仑	海贝思	莫拉菲	马勒卡	泰利	菲律宾
飞燕	浣熊	天鹅	鲇鱼	杜苏芮	韩国
榴莲	威马逊	莫拉克	暹芭	卡努	泰国
尤特	麦德姆	艾涛	艾利	韦森特	美国
潭美	夏浪	环高	桑达	苏拉	越南

国际台风委员会西北太平洋和南海热带气旋命名表

域合作。

这套由14个成员国提出的140个台风名称中，每个国家和地区提出10个名字。

有趣的是，台风的名称很少有灾难的含义，大多具有文雅、和平之意，如茉莉、玫瑰、珍珠、莲花、彩云等等，似乎与台风灾害不大协调。这是因为大家都希望台风能够温柔一些，带来的灾害少一点。

对造成特别严重灾害的热带气旋，台风委员会成员可以申请将该热带气旋使用的名字从命名表中删去。

智斗赛诸葛

一共有14个国家为台风命名，东亚和东南亚的国家大部分在列，甚至连美国也参与进来了，为什么没有新加坡？

指点迷津

前面我们说到，台风的形成要有地转偏向力，新加坡位于赤道附近，地转偏向力很小，形成不了气旋，自然也就没有了台风，没有台风灾害，也就不参与台风命名，你想到了吗？

卡特里娜飓风和桑美台风

卡特里娜飓风

1. 卡特里娜飓风

2005年8月25日，飓风在美国佛罗里达州登陆，8月29日破晓时分，再次以每小时233公里的风速在美国墨西哥湾沿岸新奥尔良外海岸登陆。

形成：2005年8月23日

消散：2005年8月31日

最高风速：280公里/小时

最低气压：902百帕

财产损失：812亿美元

（大西洋飓风有史以来损失最重）

死亡人数：≥1833人

新奥尔良市飓风后一天，房屋只露出一片屋顶

影响地区：巴哈马、佛罗里达、古巴、路易斯安那、密西西比、阿拉巴马

2. 超强台风"桑美"

"桑美"（2006年）是自我国建国以来登陆的最强台风，登陆强度比卡特里娜飓风还要强。

据不完全统计，浙江、福建、江西、湖北4省共有665.65万人受灾，因灾死亡483人，紧急转移安置180.16万人，农作物受灾面积29.0万公顷，绝收面积3.6万公顷，倒塌

"桑美" 卷起的巨浪高7米，直扑温州

2008年冯小宁电影《超强台风》以
"桑美" 为原型（电影海报）

房屋13.63万间，直接经济损失196.58亿元。

小风铃探究

提起台风，没有人会对它表示好感。但老师告诉我们，事物总有两面性，台风带来巨大灾难的同时，也会有一些好处。同学们想一想：台风可以用来发电吗？台风到底有什么好处呢？

眼镜爷爷来揭秘

台风发生的频率较小，一年也就是十几次，在相同的地点登陆的可能性极小，并且台风风力太大，对发电机组会造成损坏。

台风的作用主要表现在两个方面：

1. 台风带来了丰沛的降水，能起到缓解旱情的作用。
2. 台风能调节全球热量平衡。

应对台风

1. 气象台根据台风可能产生的影响，在预报时采用"消息"、"警报"和"紧急警报"三种形式向社会发布；同时，按台风可能造成的影响程度，从轻到重向社会发布蓝、黄、橙、红四色台风预警信号。公众应密切关注媒体有关台风的报道，及时采取预防措施。

2. 台风来临前，应准备好手电筒、收音机、食物、饮用水及常用药品等，以备急需。

3. 关好门窗，检查门窗是否坚固；取下悬挂的东西；检查电路、炉火、煤气等设施是否安全。

4. 将养在室外的动植物及其他物品移至室内，特别是要将楼顶的杂物搬进来；室外易被吹动的东西要加固。

5. 不要去台风经过的地区旅游，更不要在台风影响期间到海滩游泳或驾船出海。

6. 住在低洼地区和危房中的人员要及时转移到安全住所。

7. 及时清理排水管道，保持排水畅通。

8. 有关部门要做好户外广告牌的加固；建筑工地要做好临时用房的加固，并整理、堆放好建筑器材和工具；园林部门要加固城区的行道树。

9. 遇到危险时，请拨打当地政府的防灾电话求救。

你记住了吗？

台风已经很可怕了，在自然界中，有些风的风速甚至能达到台风风速的好几倍，想知道吗？

分享阅读

龙卷风

龙卷风是一种伴随着高速旋转的漏斗状云柱的强风涡旋，是在极不稳定天气下由空气强烈对流运动而产生的、由雷暴云底伸展至地面的漏斗状云（龙卷）产生的强烈的旋风。龙卷风中心附近风速可达100米/秒-200米/秒，最大300米/秒，比台风中心附近最大风速大好几倍。

2 由于冷暖气流相互作用，上升气流在对流层的中部开始旋转，形成中尺度气旋

1 大气的不稳定性产生强烈的上升气流

3 中尺度气旋向地面发展、向上伸展，形成龙卷核心

4 当涡旋到达地面高度时，地面气压急剧下降，风速急剧上升，形成龙卷风

龙卷风形成示意图

龙卷风

龙卷风

龙吸水

陆龙卷

　　龙卷风是从强流积雨云中伸向地面的一种小范围强烈旋风。龙卷风出现时，往往有一个或数个如同"象鼻子"样的漏斗状云

美国追风人

87

柱从云底向下伸展，同时伴随狂风暴雨、雷电或冰雹。

龙卷风经过水面，能吸水上升，形成水柱，同云相接，俗称"龙吸水"。经过陆地，常会卷倒房屋，吹折电杆，甚至把人、畜和杂物吸卷到空中，带往他处。

龙卷风常发生于夏季的雷雨天气时，尤以下午至傍晚最为多见。袭击范围小，龙卷风的直径一般在十几米到数百米之间。龙卷风的生存时间一般只有几分钟，最长也不超过数小时。

美国被称为"龙卷风之乡"，每年都会有1000到2000个龙卷风，平均每天就有5个，不仅数量多，而且强度大，这主要是和美国的地理位置、气候条件以及大气环流特征有关。

美国东临大西洋，西靠太平洋，南面还有墨西哥湾，大量的

美国龙卷风过后

水汽从东、西、南面流向美国大陆。水汽多就容易导致雷雨云，当雷雨云积聚到一定强度后，龙卷风就产生了。而美国主要处在中纬度，春夏季常受副热带高压控制。在副热带高压的控制下，大西洋、太平洋和墨西哥湾的暖湿空气源源不断地向美国大陆输送，雷雨云也就越积越多。

美国中部多为草原地貌，被称为中部平原区，少有崎岖险阻扰乱大气活动。由于墨西哥暖流带来的暖空气形成大量雨云，使得来自北部加拿大的寒流迅速退却，在美国境内低气压不断发展，最终形成龙卷风。

龙卷风的防范措施

（1）在家时，务必远离门、窗和房屋的外围墙壁，躲到与龙卷风方向相反的墙壁或小房间内抱头蹲下。躲避龙卷风最安全的地方是地下室或半地下室。

（2）在电杆倒、房屋塌的紧急情况下，应及时切断电源，以防止电击人体或引起火灾。

（3）在野外遇龙卷风时，应就近寻找低洼地伏于地面，但要远离大树、电杆，以免被砸、被压和触电。

（4）汽车外出遇到龙卷风时，千万不能开车躲避，也不要在汽车中躲避，因为汽车对龙卷风几乎没有防御能力，应立即离开汽车，到低洼地躲避。

二、沙尘暴

沙尘暴是沙暴和尘暴两者兼有的总称，是指强风把地面大量沙尘物质吹起并卷入空中，使空气特别混浊，水平能见度小于一千米的严重风沙天气现象。其中沙暴系指大风把大量沙粒吹入近地层所形成的挟沙风暴；尘暴则是大风把大量尘埃及其他细粒物质卷入高空所形成的风暴。

沙尘天气分为浮尘、扬沙、沙尘暴和强沙尘暴四类。

浮尘：尘土、细沙均匀地浮游在空中，使水平能见度小于10公里的天气现象；

扬沙：风将地面尘沙吹起，使空气相当混浊，水平能见度在1公里至10公里以内的天气现象；

沙尘暴：强风将地面大量尘沙吹起，使空气很混浊，水平能见度小于1公里的天气现象；

强沙尘暴：大风将地面尘沙吹起，使空气很混浊，水平能见度小于500米的天气现象。

小风铃探究

想一想：沙尘暴来的时候，会是什么样子呢？

2010年5月14日19时51分，青海格尔木市郊外，一股超强沙尘突然袭来

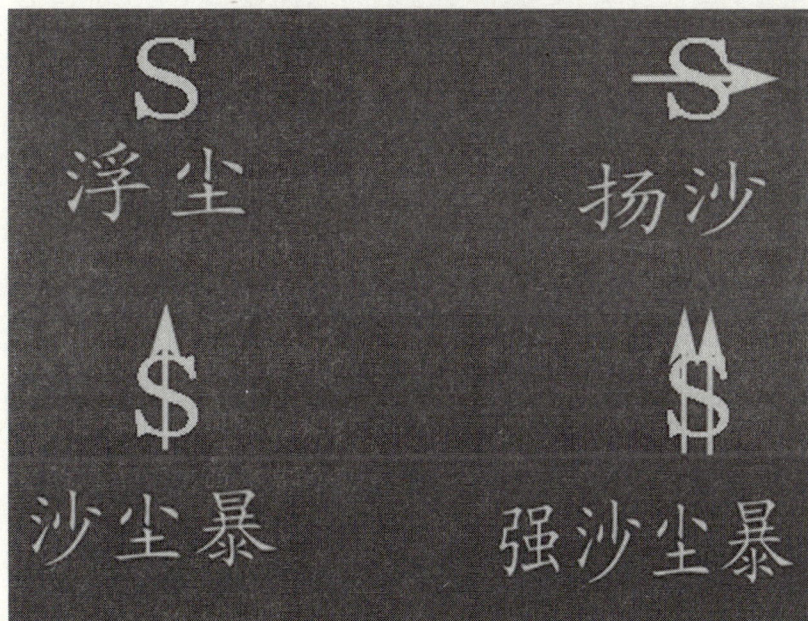

沙尘符号

智力背囊

沙尘暴来了

1.风沙墙耸立

大陆强沙尘暴多从西北方向或西方推移过来，也有少数从东方推移过来。几乎所有的沙尘暴来临时，我们都可以看到风刮来的方向上有黑色的风沙墙快速地移动着，越来越近。远看风沙墙高耸如山，极像一道城墙，是沙尘暴到来的前锋。

沙尘暴来袭

2.漫天昏黑

强沙尘暴发生时由于刮起8级以上大风，风力非常大，

沙尘暴遮住了阳光

能将石头和沙土卷起。随着飞到空中的沙尘越来越多,浓密的沙尘铺天盖地,遮住了阳光,使人在一段时间内看不

剧烈翻滚的沙尘暴

见任何东西，就像在夜晚一样。

3.翻滚冲腾

刮黑风时，靠近地面的空气很不稳定，下面受热的空气向上升，周围的空气流过来补充，以至于空气携带大量沙尘上下翻滚不息，形成无数大小不一的沙尘团在空中交汇冲腾。

4.流光溢彩

风沙墙的上层常显黄至红色，中层呈灰黑色，下层为黑色。上层发黄发红是由于上层的沙尘稀薄，颗粒细，阳光几乎能穿过沙尘射下来之故。而下层沙尘浓度大，颗粒粗，阳光几乎全被沙尘吸收或散射，所以发黑。风沙墙移过之地，天色时亮时暗，不断变化。这是由于光线穿过厚薄不一、浓稀也不一致的沙尘带时所造成的。

沙尘暴袭击石家庄，城市上空黄白分明

小风铃探究

沙尘暴真可怕啊，它到底是怎么形成的呢？难道真的是黄风怪耍的花招？

沙尘暴的形成需要4个条件：

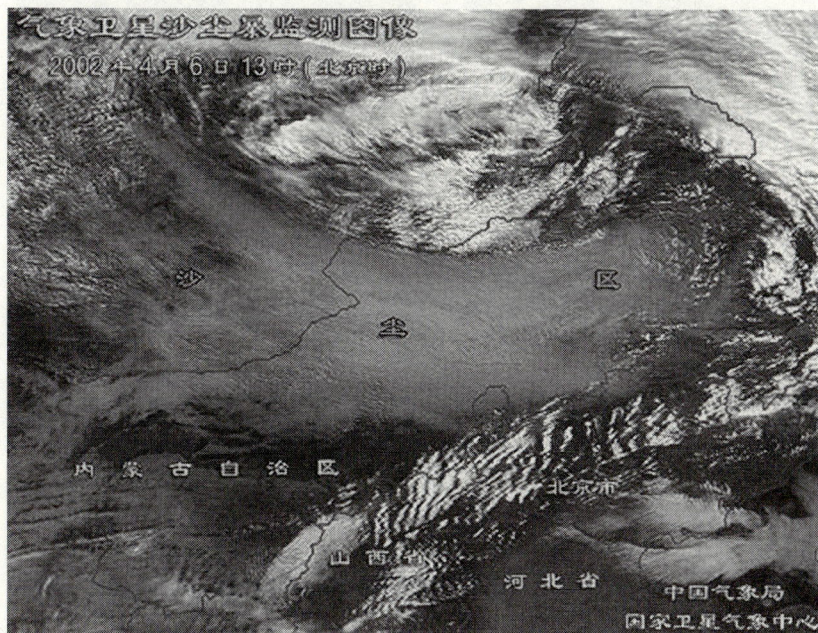

气象卫星沙尘暴监测图像
2002年4月6日13时（北京时）

1.地面上的沙尘物质。它是形成沙尘暴的物质基础。

2.大风。这是沙尘暴形成的动力基础，也是沙尘暴能够长距离输送的动力保证。

3.不稳定的空气状态。上升气流有利于沙尘由地面进入空中。

沙尘暴袭击北京

4.气候干旱。降水能够抑制沙尘暴的产生，北方沙尘暴多发于冬春季节就是因为冬春季节降水少，有利于沙尘暴的形成。

两名行人冒着风沙走过内蒙古自治区巴彦淖尔市临河

智慧卡片

沙尘暴的另类 —— 黑风暴和白风暴

黑风暴

黑风暴

　　黑风暴是一种强沙尘暴，俗称"黑风"，沙尘暴的一种，大风扬起的沙子形成一堵沙墙，所过之处能见度几乎为零。

　　1934年5月11日凌晨，美国西部草原地区刮起了一场黑风暴。风暴整整刮了3天3夜，形成一个东西长2400公里，南北宽1440公里，高3400米的迅速移动的巨大黑色风暴带。风暴所经之处，溪水断流，水井干涸，田地龟裂，庄稼枯萎，牲畜渴死，千万人流离失所……

白风暴

白风暴就是白沙尘暴，区别于黑风暴。

上世纪50年代中期，前苏联大规模地开垦中亚地区，导致沙尘暴多发，由于沙尘暴中含有较多的盐分，也叫白风暴。白风暴中盐尘主要来源于开垦的耕地及其周围地区因次生盐碱化而在地表和土壤中积累的盐分以及湖面缩减露出的湖底部分所含的盐分。

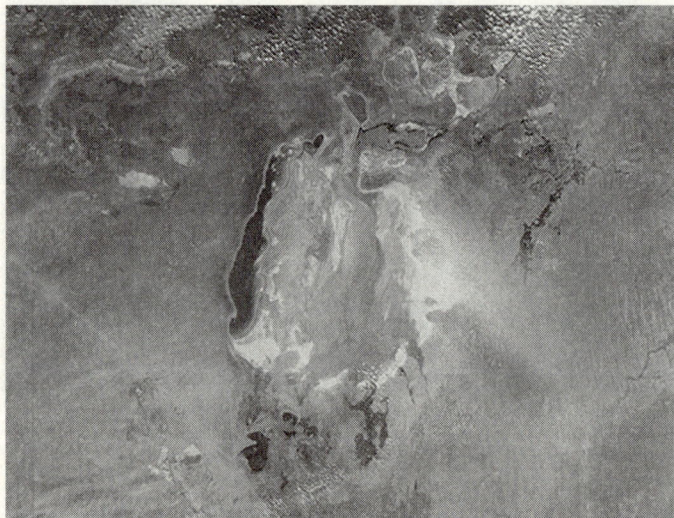

沙尘羽状物从南咸海的湖床沉积层上升起（美国卫星图片）

火星沙尘暴

用望远镜观测火星，有时能看到一片黄云，而且黄云的大小和形状是变化的，这就是火星的尘暴。很久以来，人们就发现在火星的南半球上，一到春夏之交便会有大规模的尘暴发生，黄云在几天之内由小变大，由弱变强，用不了几个星期，就覆盖了整个南半球，有时还会蔓延到北半球，形成全球性的大尘暴。尘暴持续的时间至少是几个星期，规模大时可持续几个月之久。

美国康奈尔大学"火星勘测项目"首席科学家史蒂文·斯夸尔斯表示："我们已经连续六天盯着火星尘暴

火星上的沙尘暴（想象图）

了。尽管我们还不知道它最终的规模有多大，但光现在所观察到的尘暴的直径就有3000公里，扬尘高度为900公里，即便不是火星全球性质的尘暴，至少也会席卷大半个火星，绝对是我们多年来史无前例规模的尘暴。"

超级尘暴的力量究竟有多大？斯夸尔斯解释说，如果放到地球上，那么会是"整座城市整座城市地被夷为平地，不复存在"，"许多摩天大楼会被它连根拔起，直接送到太平洋彼岸！"

沙尘暴来了，我们要注意什么？

1.待在室内，不要外出，特别是抵抗力较差的人更应该待在门窗紧闭的室内。

2.如在室外，要远离树木、高耸建筑物和广告牌，蹲靠在能避风沙的矮墙处。

3.在田间，应趴在相对高坡的背风处，或者抓住牢固的物体，绝对不要乱跑。

使用防尘、镜尘面罩、戴眼镜、佩戴防尘的手套，始终以保护皮肤。

遇沙尘暴天气外出归来，应该仔细用清水清洗鼻腔，避免呼吸道疾病发生

躲避沙尘暴

4.外出时穿戴防尘的衣服、手套、面罩、眼镜等物品，回到房间后应及时清洗面部。

5.一旦发生慢性咳嗽或气短、发作性喘憋及胸痛时，应尽快到医院检查、治疗。

防止沙尘暴的危害

小风铃探究

沙尘暴可谓臭名昭著，特别是在20世纪最后几年，声讨它的声音越来越强。黄色的天空、夹带着泥土的春雨成为北方一景，它甚至成了南方学子不愿到北京上学读书的理由，而建议"迁都"的声音也时有耳闻。沙尘暴真的那么讨厌吗？有许多科学家们认为沙尘暴还是有许多优点的，甚至有科学家认为沙尘暴不可或缺，小读者朋友们，想了解他们的想法吗？

眼镜爷爷来揭秘

1. 沙尘暴能有效缓解酸雨：煤炭作为我国的主要能源，燃烧过程中产生大量二氧化硫、氮氧化物等酸性污染物，这些物质融于雨雪形成酸雨。我国南北方的工业酸性污染物排放程度大致相当，但酸雨却主要出现于长江以南，北方只有零星分布。这是因为北方常有沙尘天气，来自沙漠的沙尘和当地土壤都偏碱性，其中的硅酸盐和碳酸盐富含钙等碱性阳离子，能够中和大气中的绝大部分酸性污染物，避免酸雨形成。

2. 沙尘天气造就了黄土高原：随着第四纪初青藏高原和喜马拉雅山脉的强烈隆起，阻断了印度洋夏季风深入内陆，中亚地区年降水量逐渐减少，气候日趋干燥。干燥地区气温日差较大，夜冷昼热，岩石逐渐物理风化成为砂粒，形成了沙源。同时，青藏高原还使东亚高空温带西风急流分支，北上的北支西风急流得以把地面刮到高空的粉尘及细粒顺风输送到东部地区，从而形成了我国大约40万平方公里面积巨大、土粒物理化学性质却又十分一致的黄土高原。

我国黄土高原的面积和厚度都是世界上最大的，因而我国居住在黄土高原窑洞中的人口也是世界上最多的，多达4000多万。有些地方垂直崖上有多层窑洞，远看如一幢幢大楼一般。因为黄土是热的不良导体，因而窑洞中冬暖夏凉，居住十分舒适。

3. 沙尘颗粒有利于成云致雨：据观测，沙尘颗粒并非圆形，而且表面凹凸不平，十分有利水汽在其上凝结。我国西北大部分地区，年降水量只有50毫米左右，年蒸发量高达2000毫米左右，

沙尘暴防止酸雨

沙尘暴形成黄土高原

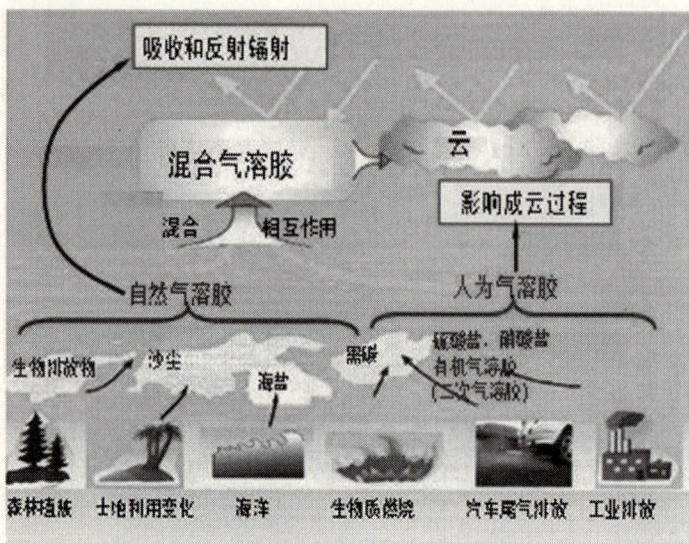

沙尘暴利于降雨

气候极为干旱，但是天上的云量却不少。例如年降雨量仅16毫米的吐鲁番，年平均总云量却高达4.4成（北京也不过4.8成），即天空平均44%为云所遮（沙尘暴最多的春季高达55%左右），主要就是这个原因。虽然这种云多是5000米左右的非常薄的高云，但还是起到了一点缓和地面高温干旱的作用。

4. 抑制气候变暖：包括沙尘在内的大气中的微粒（气溶胶），因能大量反射入射地球的太阳辐射而降温，因而抵消掉了因工业大量排放温室气体造成的、地球大气温室效应增强导致的、全球变暖升温值的大约20%。

5. 改善空气质量：沙尘暴净化空气也是同样的原理。黄沙弥漫的沙尘天气过后，天空是最洁净、最晴朗的。因为沙尘里的气溶胶和碱性粒子含量较高，沙尘在降落过程中可以黏附、吸收工业烟尘和汽车尾气中的氮氧化物、二氧化硫等物质，具有一定的酸碱中和作用，可以有效地过滤空气，改善空气质量。

夏威夷海滨风景

6. 促进海洋生物的生长繁殖：沙尘粒子还富含海洋生物必需的、也是海水中缺乏的铁元素和磷元素，能够增加海洋营养盐的输入，刺激海洋生物的活动，加强藻类光合作用，促进海洋生物的生长繁殖。我国是亚洲沙尘暴的主要起源地，每年输入太平洋的沙尘约6000万吨至8000万吨，极大地促进了太平洋海洋生物世界的繁荣。

夏威夷群岛是浩瀚的北太平洋上最璀璨的明珠，那里美丽的风景征服了来自世界各地的人。带着艳丽花朵编制的花环走在银白的沙滩上，碧海、蓝天、绿树，当人们陶醉在天堂般的风景中时，不会有人想到，眼前的美景全赖沙尘暴所赐 ——没有沙尘暴，夏威夷只是一些兀立在海里的巨型岩石，没有土壤、没有花草，充其量只会成为海鸟的栖息地。

三、寒潮

黑龙江省一农民和他的马在寒冷的天气中

寒潮是冬季的一种灾害性天气，群众习惯把寒潮称为寒流。所谓寒潮，是指来自高纬度地区的寒冷空气，在特定的天气形势下迅速加强并向中低纬度地区侵入，造成沿途地区剧烈降温、大风和雨雪天气。这种冷空气南侵达到一定标准的就称为寒潮。

寒潮一般多发生在秋末、冬季、初春时节。由中央气象台2006年制定的我国冷空气等级国家标准中规定寒潮的标准是：某一地区冷空气过境后，气温24小时内下降8℃以上，且最低气温下降到4℃以下；或48小时内气温下降10℃以上，且最低气温下降到4℃以下；或72小时内气温连续下降12℃以上，并且最低气温在4℃以下。

小风铃探究

寒潮来了，多冷啊，寒潮是怎么形成的呢？

眼镜爷爷来揭秘

我国位于欧亚大陆的东部。从我国往北去，就是蒙古和俄罗斯的西伯利亚地区，位于高纬度的北极地区和西伯利亚、蒙古高原一带地方，地面接收太阳光的热量很少。尤其是到了冬天，太阳光线南移，北半球太阳光照射的角度越来越小，因此，地面吸收的太阳光热量也越来越少，地表面的温度变得很低。1月份的平均气温常在-40℃以下，俄罗斯的奥伊米亚康曾达到过-71℃，是北半球的寒极。

由于北极和西伯利亚一带的气温很低，大气的密度就要大大增加，空气不断收缩下沉，使气压增高，这样便形成一个势力强大、深厚宽广的冷高压气团。当这个冷性高压势力增强到一定程度时，就会像决了堤的海潮一样，一泻千里，汹涌澎湃地向我国袭来，这就是寒潮。

每一次寒潮爆发后，西伯利亚的冷空气就要减少一部分，气压也随之降低。但经过一段时间后，冷空气又重新聚集堆积起来，孕育着一次新的寒潮爆发。

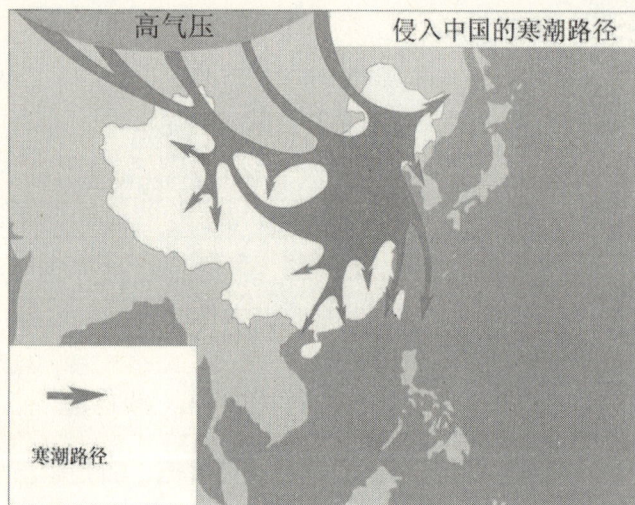

寒潮这样侵入中国

寒潮路径是指冷空气主体的移动路径。侵袭中国的冷空气的具体路径有三路：西路（105°E以西），从蒙古人民共和国西部和中国新疆北部，经河西走廊、西藏高原东侧南下。中路（105°E—115°E），从贝加尔湖附近，经我国河套地区南下，直达长江中下游及江南地区。东路（115°E以东），由西伯利亚东部南下，经中国东北地区和日本海、朝鲜，进入中国东部沿海地区。

小风铃探究

寒潮会给我们带来什么危害呢？

智力背囊

寒潮的危害

寒潮和强冷空气通常带来大风、降温天气，是我国冬半年主要的灾害性天气。如1969年4月21日-25日那次寒潮，强风袭击渤海、黄海以及河北、山东、河南等省，陆地风力7-8级，海上风力8-10级。此时正值天文大潮，寒潮爆发造成了渤海湾、莱州湾几十年来罕见的风暴潮。在山东北岸一带，海水上涨了3米以上，冲毁海堤50多公里，海水倒灌30-40公里。

寒潮带来的雨雪和冰冻天气对交通运输危害不小，可造成铁路车站道岔冻结，铁轨被雪埋，通信信号失灵，列车运行受阻。雨雪过后，道路结冰打滑，交通事故明显上升。

寒潮袭来对人体健康危害很大，大风降温天气容易引发感冒、气管炎、冠心病、肺心病、中风、哮喘、心肌梗塞、心绞痛、偏头痛等疾病，有时还会使患者的病情加重。

智慧卡片

2008年初南方低温雨雪冰冻灾害

2008年，是我们期待的一年，然而就在人们进入新年、体验2008即将带来的缤纷梦想时，飘落在人们视野的却是南方飞舞联翩的雨雪。这场突如其来的雨雪冰冻灾害，肆虐的时间正是一年一度的全民大迁徙的春节前夕，它席卷的地域偏偏是以往习惯了温煦冬阳的南方，其危害之大50年来从未有过。一时间，城乡交通、电力、通信等遭受重创，百姓生活受到严重影响，经济损失巨大。

2008年初我国南方冰灾

2008年低温雨雪冰冻灾害造成的损失非常严重，据民政部国

电力设施倒塌

等待回家

家减灾中心提供资料显示，灾害波及21个省，因灾死亡129人，失踪4人，紧急安置166万人，农作物受灾面积11874.2千公顷，绝收面积1690.6千公顷；倒塌房屋48.5万间，损坏房屋168.6万间；因灾直接经济损失1516.5亿元。其中，湖南、贵州、江西、安徽、湖北、广西、四川、云南等省（区）受灾较重。

图为2008年初严重低温雨雪冰冻灾害期间，武警战士向京珠高速粤北段被困人员提供应急加工的米饭和馒头等食物。

2008年初我国南方低温雨雪冰冻灾害原因

1. 中高纬度欧亚地区大气环流异常发展，偏北风势力增强，冷空气南下活动频繁。

2008年1月份，中高纬度欧亚地区的大气环流异常表现为东高西低的分布，即乌拉尔山地区环流场异常偏高，中亚至蒙古国西部直到俄罗斯远东地区偏低，有利于冷空气自西北向东南活动。这种环流异常型持续日数达20天以上，是多年平均出现日数的3倍多，为1951年以来该环流型持续日数最长的一次。这样，

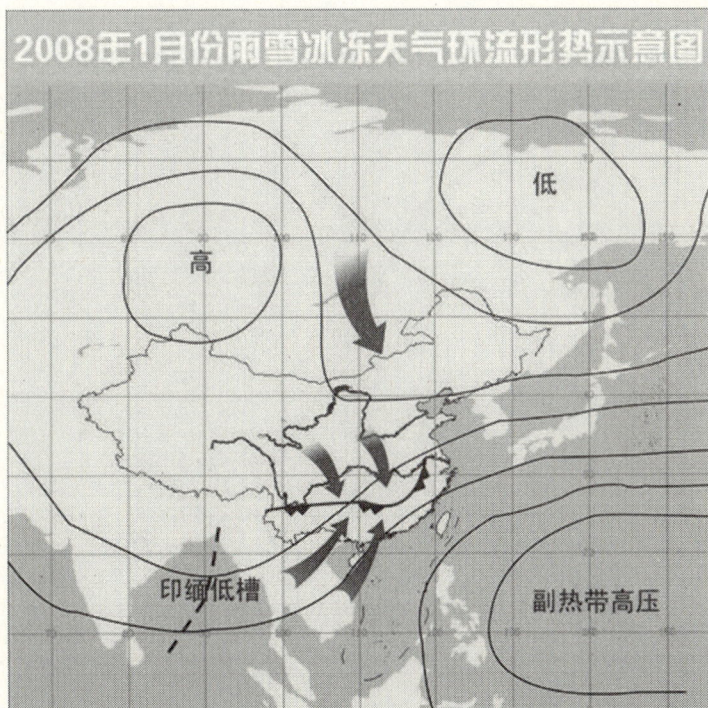

冷空气从西伯利亚地区连续不断自西北方向沿河西走廊南下入侵我国，为我国自北向南出现大范围低温、雨雪、冻害天气提供了良好的冷空气活动条件。

2．西太平洋副热带高压位置异常偏北，向我国输送了大量暖湿空气，为雨雪天气的出现提供了丰沛的水汽来源。

2008年1月，西太平洋副热带高压脊线位置平均达到17°N，为1951年以来之最，远远高于多年平均的13°N。由于西太平洋副热带高压西侧的偏南风是南方暖湿空气的主要引导气流之一，配合中高纬度冷空气活动频繁，冷暖空气交汇作用加剧，其主要交汇地区位于长江中下游及其以南，导致这一地区集中出现了低

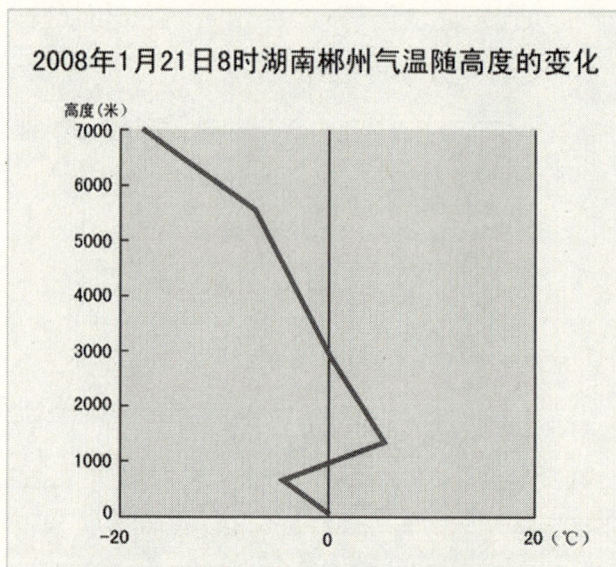

2008年1月21日8时湖南郴州气温随高度的变化

2008年1月21日8时湖南郴州气温随高度的变化

温雨雪冰冻等灾害性天气。

3．青藏高原南缘的印缅低槽系统稳定活跃，进一步增强了暖湿气流向我国的输送。

进入2008年，青藏高原南沿的南支槽异常活跃，强度加剧，是近十多年来少有的。南支槽的稳定活跃有利于来自印度洋和孟加拉湾的暖湿气流沿云贵高原不断向我国输送，为我国长江中下游及其以南地区的强降雪天气提供了更加充足的水汽来源。

4．南方地区大气低层逆温层的不断加强并长时间维持，造成了严重的冻雨灾害。

在冷暖空气交汇区，暖湿空气在上，在对流层中低层形成了稳定的逆温层，即大气垂直结构呈上下冷、中间暖的状态。监测表明，2008年1月中旬以来，湖南、贵州等地出现了明显的逆温层，逐渐加强并维持了近20天，地面温度长时间低于0℃，形成了有利于冰冻产生的深厚的冷下垫面。逆温层的长时间维持是上述地区大范围冻雨持续出现的主要原因。

5. 太平洋上迅速发展的拉尼娜现象是导致环流异常和低温雨雪冰冻的重要原因。

2007年8月份以后，赤道东太平洋海表温度较常年同期持续偏低并迅速发展，进入了拉尼娜状态，是1951年以来拉尼娜发展最快的一次，也是事件的前6个月平均强度最强的一次。由于地球表面70%以上为海洋，穿过大气到达地球表面的太阳辐射约80%为海洋所吸收，然后，通过长波辐射、潜热释放及感热输送等形式传输给大气。同时，海洋的热惯性较大气大得多，海温异常的空间、时间尺度都很大，因此，海洋的状况对全球的气候变化与气候异常都有重要意义。研究表明，拉尼娜事件发生当年的冬季，有利于中纬度大气环流的经向度加强，冷空气活动频繁，易造成我国气温偏低、雨雪偏多。入冬以来，我国的天气气候与历史上强拉尼娜事件发生后的冬季气候特征非常相似，表明2008年冬季的雨雪冰冻灾害具有明显的海洋下垫面异常的气候背景。

小风铃探究

应对寒潮，我们怎么办？

寒潮预警信号及防御指南

图标	含义	防御指南
℃蓝 BLUE	24小时内最低气温将要下降8℃以上，最低气温小于等于4℃，平均风力可达6级以上，或阵风7级以上；或已经下降8℃以上，最低气温小于等于4℃，平均风力达6级以上，或阵风7级以上，并可能持续。	1.人员要注意添衣保暖，热带作物及水产养殖品种应采取一定的防寒和防风措施； 2.把门窗、围板、棚架、临时搭建物等易被大风吹动的搭建物固紧，妥善安置易受寒潮大风影响的室外物品； 3.船舶应到避风场所避风，通知高空、水上等户外作业人员停止作业； 4.要留意有关媒体报道大风降温的最新信息，以便采取进一步措施； 5.在生产上做好对寒潮大风天气的防御准备。
℃黄 YELLOW	24小时内最低气温将要下降12℃以上，最低气温小于等于4℃，平均风力可达6级以上，或阵风7级以上；或已经下降12℃以上，最低气温小于等于4℃，平均风力达6级以上，或阵风7级以上，并可能持续。	1.做好人员(尤其是老弱病人)的防寒保暖和防风工作； 2.做好牲畜、家禽的防寒防风，对热带、亚热带水果及有关水产、农作物等养种品种采取防寒防风措施； 其他同寒潮蓝色预警信号。
℃橙 ORANGE	24小时内最低气温将要下降16℃以上，最低气温小于等于0℃，平均风力可达6级以上，或阵风7级以上；或已经下降16℃以上，最低气温小于等于0℃，平均风力达6级以上，或阵风7级以上，并可能持续。	1.加强人员(尤其是老弱病人)的防寒保暖和防风工作； 2.进一步做好牲畜、家禽的防寒保暖和防风工作； 3.农业、水产业、畜牧业等要积极采取防霜冻、冰冻和大风措施，尽量减少损失； 其他同寒潮黄色预警信号。

智慧卡片

寒潮的优点

听说过"瑞雪兆丰年"吗？寒潮在带来灾害的同时，也会给我们带来好处。

寒潮有助于地球表面热量交换。随着纬度增高，地球接收太阳辐射能量逐渐减弱，因此地球形成热带、温带和寒带。寒潮携带大量冷空气向热带倾泻，使地面热量进行大规模交换，这非常有助于自然界的生态保持平衡，保持物种的繁茂。

瑞雪兆丰年

　　气象学家认为，寒潮是风调雨顺的保障。我国受季风影响，冬天气候干旱，为枯水期。但每当寒潮南侵时，常会带来大范围的雨雪天气，缓解了冬天的旱情，使农作物受益。"瑞雪兆丰年"这句农谚为什么能在民间千古流传？这是因为雪水中的氮化物含量高，是普通水的5倍以上，可使土壤中氮素大幅度提高。雪水还能加速土壤有机物质分解，从而增加土中有机肥料。大雪覆盖在越冬农作物上，就像棉被一样起到抗寒保温作用。　有道是"寒冬不寒，来年不丰"，这同样有其科学道理。

　　农作物病虫害防治专家认为，寒潮带来的低温，是目前最有效的天然"杀虫剂"，可大量杀死潜伏在土中过冬的害虫和病菌，或抑制其滋生，减轻来年的病虫害。据各地农技站调查数据显示，凡大雪封冬之年，农药可节省60%以上。

　　寒潮还可带来风资源。科学家认为，风是一种无污染的宝贵动力资源。举世瞩目的日本宫古岛风能发电站，寒潮期的发电效率是平时的1.5倍。

第五章 水崩地裂——洪涝与干旱

智慧导航

你也许在电视上、报纸上、网络中看过这样的镜头：水库干了，小鱼儿相濡以沫……你也许还见过这样的镜头：城市成了一片汪洋，人们划着船……

这是怎么了，为什么有的地方滴水无存，有的地方却泛滥成灾？让我慢慢地告诉你。

2011年全国31个省（区、市）均发生了不同程度的洪涝灾害，全国农作物受灾1.08亿亩、成灾0.5亿亩，受灾人口8942万人，因灾死亡519人、失踪121人，倒塌房屋69万间，直接经济损失1301亿元。

2011年全国耕地累计受旱面积4.8亿亩，农作物受灾面积2.44亿亩、成灾9898万亩、绝收2258万亩，因旱造成粮食损失2320万吨、经济作物损失252亿元，因旱直接经济损失1028亿元。

2011年全国因旱涝灾害造成的直接经济损失共达2329亿元。

一、干旱

据不完全统计，从公元前206年到1949年的2155年间，我国发生较大的旱灾1056次，平均每两年就发生一次大旱。据1950年～1999年的统计，平均每年受旱面积约2102.3万公顷，约占各种气象灾害面积的60%，每年因旱灾损失粮食100亿千克。

干旱

小风铃探究

上面我们看到一组干旱照片，干旱挺让人震撼的，那么，什么是干旱呢？

什么是干旱？

我们习惯上把干旱分为气象干旱、水文干旱、农业干旱和社会经济干旱。

气象干旱：是指由降水和蒸发的收支不平衡造成的异常水分短缺现象。由于降水是主要的收入项，因此通常以降

2010年黄果树瀑布（下图）和平常时对比

水的短缺程度作为干旱指标。

水文干旱： 由降水和地表水或地下水收支不平衡造成的异常水分短缺现象。

农业干旱：由外界环境因素造成作物体内水分失去平衡，发生水分亏缺，影响作物正常生长发育，进而导致减产或歉收的现象。它涉及土壤、作物、大气和人类对资源利用等多方面因素，所以是各类干旱中最复杂的一种。

社会经济干旱：是指自然系统与人类社会经济系统中水资源供需不平衡造成的异常水分短缺现象。社会对水的需要通常分为工业需水量、农业需水量和生活与服务行业需水量。如果需大于供，就会发生社会经济干旱。

小风铃探究

2010年春季西南大旱，给我们留下深刻的记忆，西南大旱是怎么产生的呢？

眼镜爷爷来揭秘

西南大旱的原因

自然原因：

（1）西南季风来得晚，降水晚，气温又升高得太快。

（2）全球气候变暖。

（3）西南地区喀斯特地貌广布，地下多溶洞、暗河，

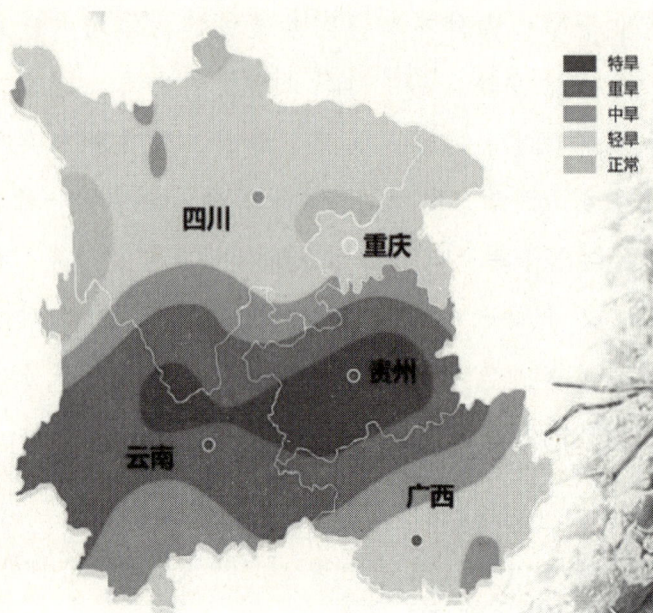

西南大旱范围

干旱的云南

石缝流出生命之水

大水井乡箐口村的生命之泉位于村旁两块巨大的岩石的夹缝之内。夹缝深达七八米，只能容一人侧身而下。夹缝底部有一处泉水，这便是箐口村全村的希望。图为20岁的张颜正从石头缝中爬出。

不利于水的贮藏。

（4）该地区多地质灾害，板块活跃，多断层，不利于修建大型的水库，水资源的开发和储备不足。

（5）春季气候干旱，空气中水汽含量小，固体凝结核不足，没有形成降水的条件。

人为原因：

（1）人口剧增，人类活动范围扩大，工农业发展，人类对土地的不合理利用，使地表植物减少，涵养水源的能力下降。

（2）人类不合理利用水资源，水利设施不完善。

智慧卡片

干旱和饥荒

人们很难预测旱灾会在什么时候发生。当雨水少于往年，当田地里的庄稼逐渐死亡，当河床开始干枯，旱灾马上就会到来了。如果这种情况持续下去，紧随其后的就是饥荒……

肯尼亚北部卡丽莎地区，前往河边取水
的村民经过渴死的动物尸体

2011年南苏丹蒙达里部落一男子接牛尿洗脸

2011年，非洲东部的"非洲之角"地区经历了上个世纪80年代以来最严重的干旱和饥荒，索马里、肯尼亚、吉布提和埃塞俄比亚大部分地区受灾，1240万难民亟待全球救援。

小故事大智慧

饥饿的苏丹

1993年，南非摄影记者凯文·卡特前往北非的苏丹采访，这年一场大饥荒正在苏丹肆虐。饿殍遍野的悲惨景象令卡特备感凄凉和无奈，很快，他看到了更震撼人心的一幕：灌木丛边，一个瘦骨嶙峋的苏丹小女孩正趴在贫瘠苍凉的大地上，艰难地向一公里外的食品发放中心爬行。此时，一只硕大的秃鹫落在小女孩

饥饿的苏丹

身后,贪婪地盯着这个奄奄一息的弱小生命,它在等待女孩的死亡,等待即将到手的"美餐"……

正是这张照片引起了世界对非洲贫困问题的重视,没人知道这个孩子最后如何。摄影师凯文·卡特因为拍摄下这张震撼的照片而获得了普利策奖(美国新闻报道最高荣誉奖项)。获奖后3

2010年6月22日　江西省抚州市唱凯堤决口

个月，卡特因不堪道德上的困惑和舆论压力自杀身亡。

二、洪涝

小故事大智慧

诺亚方舟和大禹治水

1. 诺亚方舟

当上帝看到人间罪恶太多，到处充满了犯罪的时候，决定用洪水消灭人类。但他不忍心伤害信奉上帝的义人 ——诺亚一家，就托梦给诺亚，让诺亚在一个月内打造一条大船，在船上储藏好吃的、用的，并且将所有飞禽走兽弄来一雌一雄放置在船上。诺亚按照上帝的指示夜以继日地打造方舟，在人们的讥笑、嘲弄声中进行着工作。方舟刚一完成，暴雨开始狂泻而下了。当诺亚一家登上方舟，关上舱门的时候，洪水吞没了大地上的一切。当暴

诺亚方舟和和平鸽

大禹雕像

雨停息、洪水逐渐消退时，诺亚放了一只鸟儿出去，没有回音。
到了第四十九天，诺亚打开窗户放出一只白鸽，白鸽叼着一只橄
榄枝回来了，诺亚知道大地又恢复了和平。诺亚一家和所有飞禽
走兽都走出了方舟，继续在大地上繁衍生息。因此白鸽和橄榄枝
就是和平的象征，都属于吉祥物。

2. 大禹治水

面对着一场史无前例的大洪水、大灾难，天帝也好、尧帝
也好，派了鲧到人间治理。鲧偷取了天庭中的息壤，用堵塞的办
法，结果这里止住了，别处又泛滥。天帝将鲧杀死，丢弃在羽
山，并派四条烛龙看护。谁知三年之后从鲧的身躯中，破身而出

一条大鱼，钻入旁边的深渊，这条大鱼就是大禹。后来尧帝又派大禹治理洪水，大禹采用疏导的办法，用了十三年的时间治理了洪水，使得长江、黄河都流入了大海。至今仍流传着大禹三过家门而不入、河图洛书的故事。

小风铃探究

看到了前面的神话传说，我们可以猜测：有可能在史前时期，地球上确实发生过一次历史性的、全球性的大洪水，几乎毁灭了刚刚萌芽的人类文明。那么，洪涝到底是怎么产生的呢？

洪水的形成和分类

席卷一切的大水

新疆突发融雪洪水

　　洪水是由于暴雨、融雪、融冰和水库溃坝等引起河川、湖泊及海洋的水流增大或水位急剧上涨的现象。洪水超过了一定的限度，给人类正常生活、生产活动带来的损失与祸患，简称洪水灾害。按成因和地理位置的不同，常分为暴雨洪水、融雪洪水、冰凌洪水等。

　　暴雨洪水： 暴雨洪水为降落到地面上的暴雨，经过产流和汇流在河道中形成的洪水。我国绝大多数河流的洪水都是由暴雨形成的。

　　融雪洪水： 流域内积雪（冰）融化形成的洪水。在高山区雪线以上降雪，形成冰川和永久积雪以及雪线以下季节积雪，当气温回升至0℃以上时积雪融化，若遇大幅度升温，则大面积积雪迅速融化，可形成融雪洪水。

黄河冰凌洪水

冰凌洪水： 由于某些河段由低纬度流向高纬度，在气温上升、河流开冻时，低纬度的上游河段先行开冻，而高纬度的下游河段仍封冻，上游河水和冰块堆积在下游河床，形成冰坝，导致河流水位上升的现象，容易造成灾害。在河流封冻时也会产生冰凌洪水。

智斗赛诸葛

1998年长江流域特大洪涝灾害是哪种类型的洪水（　　）

A. 暴雨洪水　　　B. 融雪洪水　　　C. 冰凌洪水

答案是A，你选对了吗？

谁是最可爱的人

1998年长江流域特大洪水

公元1998年，中国大地气候异常。6月12日到8月27日，整整77天里，汛期主雨带一直在我国长江流域南北拉锯。长江流域在经历了冬春多雨和6月梅雨季节之后，7月下旬迎来了历史上少见的高强度"二度梅"，水位长期居高不下；8月份，长江上游的强降雨进一步加剧了长江中下游地区的

湖南南岳航运码头消失在洪水中

江西九江抗洪纪念碑

洪涝灾害。中国大地经历了一场不寻常的洪水考验。

持续的暴雨或大暴雨，造成山洪暴发，江河洪水泛滥，堤防、围垸漫溃、外洪内涝及局部地区山体滑坡、泥石流，给长江流域造成了严重的损失。据湖北、江西、湖南、安徽、浙江、福建、江苏、河南、广西、广东、四川、云南等省（区）的不完全统计，受灾人口超过一亿人，受灾农作物1000多万公顷，死亡1800多人，倒塌房屋430多万间，经济损失1500多亿元。（外国媒体把1998洪水评为世界最贵的自然灾害之一，损失400亿美元。）

小风铃探究

1998年洪水造成了那么大的损失，它是怎么形成的呢？

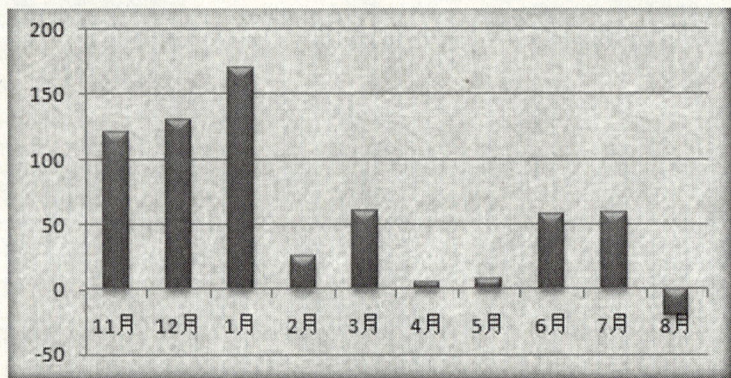

1997年11月-1998年8月长江流域逐月降水量距平图

眼镜爷爷来揭秘

1998年长江洪水原因

1.前期降雨偏多、中下游地区底水偏高

1997年冬季-1998年春季，长江中下游地区气候反常，江南频繁出现大雨或暴雨，出现了枯季不枯的异常情况。由于长江流域冬春季降水偏多，湘江、赣江、闽江和广东北江干流3月发生洪水，汉口水文站3月16日水位达到21.33米，为有记录以来同期最高值，这几条江河的春汛比常年提前了1个月。

2.降雨集中且强度大，大到暴雨甚至特大暴雨出现频繁。

1998年6月-8月，副热带高压西北侧的暖湿气流与南下的冷空气频繁在我国长江流域交汇，长江流域大部频降大雨、暴雨和

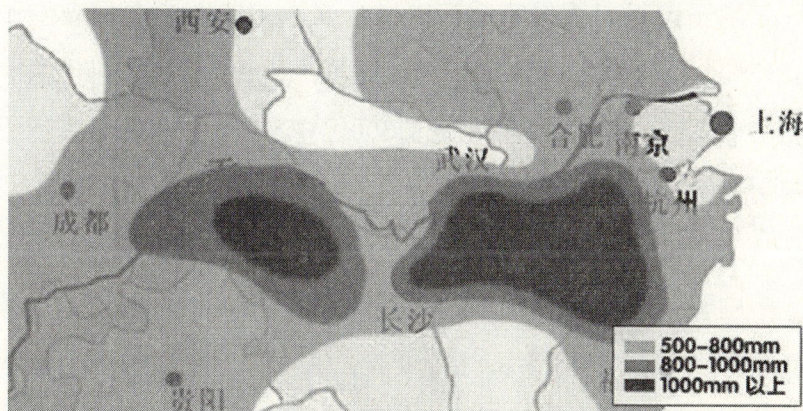

1998年长江流域6月-8月累计降水量分布图

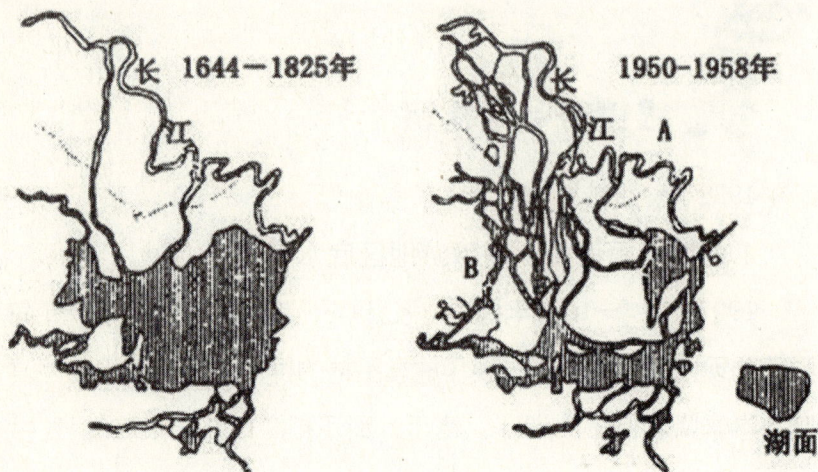

洞庭湖湖泊面积变化

大暴雨，局部降特大暴雨。3个月内，长江上游、中游和下游大部分地区的总降水量一般有800毫米-1000毫米，沿江及江南部分地区超过1000毫米，降水量较常年同期偏多6成以上。

3.洪水调蓄能力降低

由于淤积、围垦等原因，长江中下游的湖泊面积减少了45.5%。仅洞庭湖、鄱阳湖和汉水湖群，1950年代以来由于围垦和淤积而丧失的湖泊容积就超过300亿立方米，大大降低了长江中下游湖泊的调洪能力。

4.河道行洪能力降低

由于河道淤积、滩地围垦、设障严重等原因，致使河道过水断面缩窄，洪水出路变小，宣泄不畅，洪水行进缓慢，加剧了上下游洪水的顶托作用，使水位不断抬高。长江向洞庭湖分流的比例由

1950年代的45%已衰减至目前的25%左右，加大了干流的防洪压力。

　　2011年6月，长江中下游地区结束了少雨的局面，出现了局部强降水的现象，旱情尚未根除，涝灾又在眼前，某些专家通常会解释说近年来全球气候反常，我国遭遇了若干年不遇的极端天气。将灾害归咎于老天是推卸责任的绝佳理由，然而在雨量丰沛的江南地区，接连遭遇2010年的西南地区和2011年的长江中下游地区大旱，且两次有个共同的

退田还湖后的鄱阳湖湿地风景

特点：无雨大旱，雨来即涝。灾害频发并迅速急转，莫非这都是老天的责任？这值得我们反思。

　　水利设施在应对旱涝灾害的时候应该发挥作用，但是我国大部分水利设施都是上个世纪五、六十年代修建的，

年久失修。雨季的时候根本不敢储水，担心溃堤，等到雨季临近结束时才敢储备水。雨季若提前结束，水库没蓄到水，又要面临干旱了。雨季不蓄水，旱季供不了水，水库的调节蓄水能力基本丧失，加剧了水旱灾害。

三、面对旱涝，我们在行动

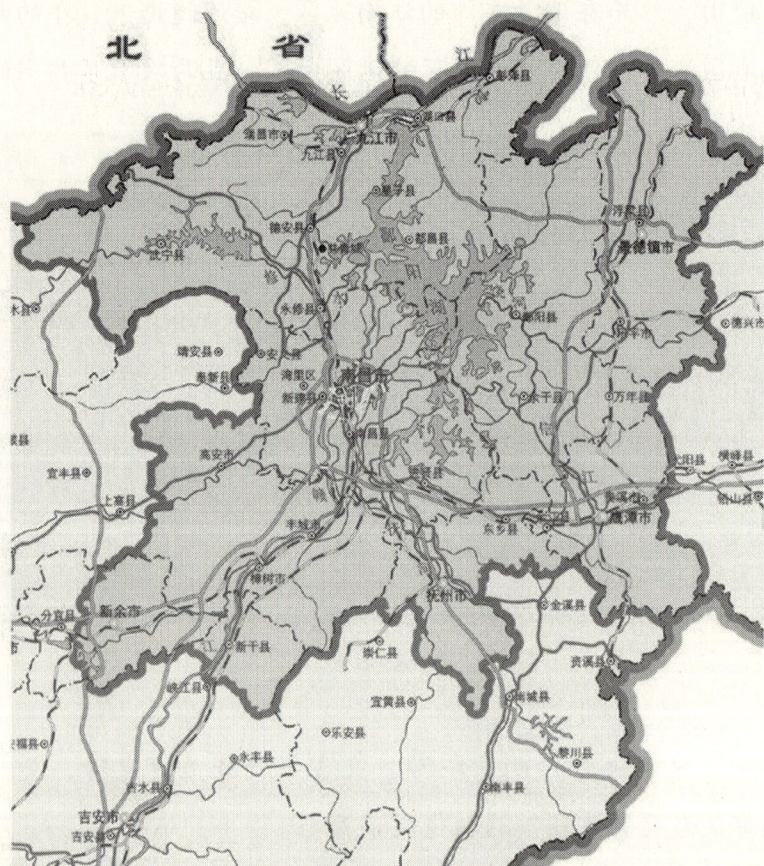

环鄱阳湖生态经济区范围

全民义务植树运动开展以来全国已有109.8亿人次参加

自全民义务植树运动开展以来

| 到2007年底 | 全国参加义务植树 | 109.8亿人次 |
| 累计植树 | | 515.4亿株 |

是世界上规模最大、参与人数最多、成效最显著的植树运动

2007年 全国公民义务植树尽责率 58%
比上年提高三个百分点

全民义务植树运动加快了造林绿化步伐,森林资源不断增加

136.18
亿立方米

26.2亿亩   102.6
亿立方米   18.21%

17.29亿亩   12%

1961年 目前   1961年 目前   1961年 目前

森林面积   活立木蓄积量   森林覆盖率

人工林保存面积 8亿多亩 占世界人工林面积1/3 居世界第一

林汉志 编制 新华社发

退田还湖

20世纪70年代以来,在中国各湖泊的围湖造田势头愈来愈大,已经对湖泊的调节能力产生了重大负面影响。1998年长江特大洪水期间,作为原来对长江洪水具有调节能力的洞庭湖、鄱阳湖和洪湖等湖泊,都因围湖造田而失去调节能力。

退田还湖是将围垦湖边或湖内淤地改造成的农田恢复为湖面的工程措施。内陆湖泊具有调节江河流量的作用,有利于生态平衡。

环鄱阳湖生态经济区

环鄱阳湖生态经济区包括南昌、景德镇、鹰潭3市,以及九江、新余、抚州、宜春、上饶、吉安的部分县(市、区),共38个县(市、区)。这一地区的国土面积5.12万平方公里。分为湖体核心保护区、滨湖控制开发带和高效集约发展区。

　　环鄱阳湖生态经济区是以江西鄱阳湖为核心，以鄱阳湖城市圈为依托，以保护生态、发展经济为重要战略构想，把鄱阳湖生态经济区建设成为全国生态文明与经济社会发展协调统一、人与自然和谐相处的生态经济示范区和中国低碳经济发展先行区。国务院已于2009年12月12日正式批复《鄱阳湖生态经济区划》，标志着建设鄱阳湖生态经济区正式上升为国家战略。这也是新中国成立以来，江西省第一个纳入国家战略的区域性发展规划，是江西发展史上的重大里程碑，对实现江西崛起新跨越具有重大而深远的意义。

江西省吉安市青原区富滩镇民兵组织正在渠道清淤除杂

保护植被

森林能涵养水源，在水的自然循环中发挥重要的作用。"青山常在，碧水长流"，树总是同水联系在一起。降下的雨水，一部分被树冠截留，大部分落到树下的枯枝败叶和疏松多孔的林地土壤里被蓄留起来，有的被林中植物根系吸收，有的通过蒸发返回大气。1公顷森林一年能蒸发8000吨水，使林区空气湿润，降水增加，冬暖夏凉，这样它又起到了调节气候的作用。所以人们说森林是一座大水库。

如果森林被破坏，涵养水源的能力就会下降，河流的径流量变化加大。植被破坏也会造成水土流失，淤塞下游河床和湖泊，使河流的排洪能力下降，也会使湖泊的库容量下降，湖泊调节蓄水的能力下降，下游地区旱涝灾害发生的频率增加。

我们加强了植被的保护，很多地方在封山育林，也在做防护林的建设。长期的努力，让我们的森林覆盖率由13%增长到了20.36%。

兴修小水利

2011年中央第一号文件"中共中央、国务院关于加快水利改革发展的决定"指出：水是生命之源、生产之要、生态之基。兴水利、除水害，事关人类生存、经济发展、社会进步，历来是治国安邦的大事。促进经济长期平稳较快发展和社会和谐稳定，夺取全面建设小康社会新胜利，必须下决心加快水利发展，切实增强水利支撑保障能力，实现水资源可持续利用。近年来我国频繁发生的严重水旱灾害，造成重大生命财产损失，暴露出农田水利等基础设施十分薄弱，必须大力加强水利建设。

因地制宜兴建中小型水利设施，支持山丘区小水窖、小水池、小塘坝、小泵站、小水渠等"五小水利"工程建设，在未来10年内将投入4万亿人民币。

我们有理由相信，未来旱涝灾害对我们的影响会越来越小。

旱魃与应龙

智慧卡片

旱涝与我们

《山海经》中记载了一个古老传说：蚩尤经过长期准备，制造了大量兵器，纠集众多精灵，向黄帝发起攻击。黄帝派应龙到

冀州之野去抗击他。应龙是长着翅膀的飞龙，发动滔天洪水围困
蚩尤。蚩尤请来风伯、雨师，应龙的军队迷失在漫天风雨之中。
黄帝听说雷泽里有雷神，长着人头龙身，经常拍打自己的肚子，
能发出惊天动地的雷声，就杀了无辜的雷神，用他的皮做成大鼓
敲打起来，震破蚩尤的凄风苦雨。黄帝又派了天女魃参战。魃身
穿青衣，头上无发，能发出极强的光和热。她来到阵前施展神
力，风雨迷雾顿时消散，黄帝终于擒杀了蚩尤。应龙和魃建立了
奇勋，但也丧失了神力，再也不能回到天上。应龙留在人间的南
方，从此南方多水多雨。魃留居北方，从此北方多干旱，她无论
走到哪里，都被人们诅咒驱逐，称为"旱魃"。

　　大禹治水的故事家喻户晓，三过家门而不入的大禹是治水
的英雄，大禹更大的功勋是夏王朝的奠基人，中国历史上真正的
第一个王朝是建立在应对洪水的基础上的，谁能够带领我们战胜
自然灾害，谁就会获得大家的认同和尊重。我们的历代政府在面
对旱涝灾害的时候，都必须有所作为，古代的帝王们最希望的是

天坛与地坛

145

风调雨顺，国泰民安，北京有个天坛大家都知道，北京还有个地坛，是帝王们祈地的地方，他们希望天遂人愿，江山永固。

有人说，中国人重集体，西方人重个人。我们强调的集体主义，是我们面对自然灾害的总结，是智慧的结晶。一个人的力量在大的自然灾害面前是多么的渺小，我们必须以集体的力量才能战胜自然灾害。一方有难，八方相助，是我们的美德，也是我们必须的选择。在应对自然灾害的时候，往往会体现出强烈的民族凝聚力，在2008年汶川地震后，温家宝总理说，多难兴邦，大概就是这个意思吧。

望着洪水，守着家

小风铃探究

旱涝灾害损失巨大，旱涝来临的时候，我们要注意些什么呢？

应对洪水

1. 洪水到来时，来不及转移的人员，要就近迅速向山坡、高地、楼房、避洪台等地转移，或者立即爬上屋顶、楼房高层、大树、高墙等高的地方暂避。

2. 如洪水继续上涨，暂避的地方已难自保，则要充分利用准备好的救生器材逃生，或者迅速找一些门板、桌椅、木床、大块的泡沫塑料等能漂浮的材料扎成筏逃生。

3. 如果已被洪水包围，要设法尽快与当地政府防汛部门取得联系，报告自己的方位和险情，积极寻求救援。（注意：千万不要游泳逃生，不可攀爬带电的电线杆、铁塔，也不要爬到泥坯房的屋顶。）

4. 如已被卷入洪水中，一定要尽可能抓住固定的或能漂浮的东西，寻找机会逃生。

5. 发现高压线铁塔倾斜或者电线断头下垂时，一定要迅速远避，防止直接触电或因地面"跨步电压"触电。

6. 洪水过后，要做好各项卫生防疫工作，预防疫病的流行。

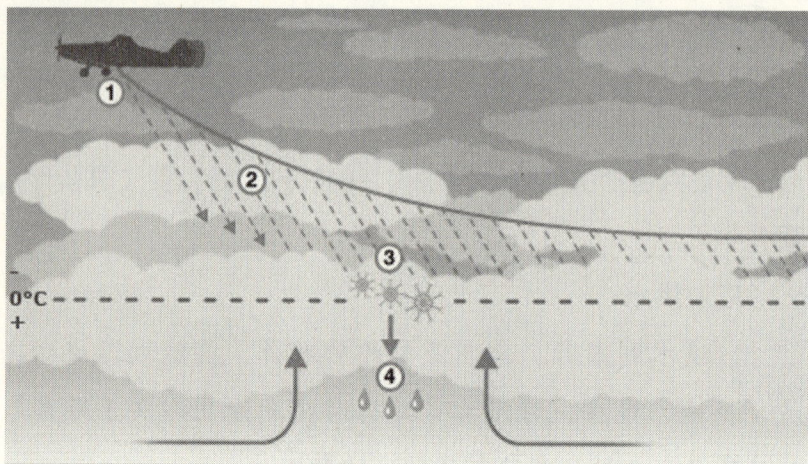

人工降水示意图

喷灌和地膜覆盖

应对干旱

应积极主动地采取措施进行防旱抗旱工作：兴修水利，发展农田灌溉事业；改进耕作制度，改变作物构成，选育耐旱品种，充分利用有限的降雨；植树造林，改善区域气候，减少蒸发，降低干旱风的危害；研究应用现代技术和节水措施，例如人工降雨，喷滴灌、地膜覆盖、保墒，以及暂时利用质量较差的水源等。

智慧卡片

节约用水宣传标语

1. 如果人类不从现在节约水源，保护环境，人类看到的最后一滴水将是自己的眼泪。

2. 节约用水，从点滴开始。

3. 水是生命的源泉，农业的命脉，工业的血液。

4. 要像爱护眼睛一样珍惜水资源。

5. 现在，人类渴了有水喝；将来，地球渴了会怎样？

6. 爱水、节水，从我做起。

7. 水是生命之源，浪费水就是扼杀自己的生命。

8. 人体的70%是水，你污染的水早晚也会污染你，把纯净的水留给下一代吧！

......

节约用水，
利在当代，
功在千秋！

小风铃探究

节约用水，从你我做起，从点滴做起，在日常生活中，有哪些环节我们可以做得更好？你这样做了吗？

小故事大智慧

1998洪水和高考时间改革

每年7月，总有千万考生家长和孩子一起在酷暑中熬过高考这一关。从2003年起，沿袭了几十年的高考从"黑色7月"提前

至6月份进行。

促成这一历史变革的人，是一位全国政协委员——江西九江民生集团公司总裁王翔。

1998年抗洪期间，在王翔的家乡，有700多名被洪水围困的考生在解放军护送下，才安全到达考场；有的学校不得不把考场迁至房顶、山顶才能正常考试；为预防学生中暑，医院开来了救护车，家长们拎着各类防暑用品在烈日下苦等……考生、家长、学校、政

王翔

府都不得不投入大量人力、物力和财力，来抵御恶劣的气候环境给高考带来的负面影响。

1999年3月，在全国政协九届二次会议上，王翔提交了经过反复斟酌后形成的《关于高考考期适当提前的建议案》，建议高考时间适当提前，结合各种情况，提前至6月初为宜。

后来经过反复认真细致的调研，国务院批准了教育部《关于高考时间调整方案》，宣告从2003年起"黑色七月"退出历史。高考日期提前至6月，立即在全国各地引起强烈反响，认为这个举措惠及了千万考生。

第六章 滑坡、泥石流灾害

智慧导航

滑坡和泥石流是经常发生的灾害，它和地震、海啸等灾害几十年、几百年发生一次不同，有些地方，它一年甚至会发生很多次。据统计，1995年—2003年，滑坡和泥石流平均每年死亡和失踪1167人，财产损失64亿元。中国是一个滑坡和泥石流多发的国家，损失严重。

一、滑坡

小风铃探究

滑坡会造成损失，可是我连滑坡是什么都不知道，你能告诉我吗？

眼镜爷爷来揭秘

滑坡是指斜坡上的土体或者岩石重力体，受河流冲刷、地下水活动、地震及人工切坡等因素影响，在重力作用下，沿着一定的软弱面或者软弱带，整体地或者分散地顺坡向下滑动的自然现象。俗称"走山"、"垮山"和"地滑"等。

岩质滑坡示意图（滑坡体沿岩层面滑动）

小风铃探究

滑坡的产生需要什么条件吗？

眼镜爷爷来揭秘

（1）岩土类型：岩土体是产生滑坡的物质基础。一般来说，各类岩、土都有可能构成滑坡体，其中结构松散，抗剪强度和抗风化能力较低、在水的作用下其性质能发生变化的岩、土，如松散覆盖层、黄土、红黏土、页岩、泥岩、煤系地层、凝灰岩、片岩、板岩、千枚岩等及软硬相间的岩层所构成的斜坡易发生滑坡。

（2）地质构造条件：组成斜坡的岩、土体只有被各种构造面切割分离成不连续状态时，才有可能向下滑动。同时，构造面又为降雨等水流进入斜坡提供了通道。故各种节理、裂滑坡隙、层面、断层发育的斜坡、特别是当平行和垂直斜坡的陡倾角构造面及顺坡缓倾的构造面发育时，最易发生滑坡。

（3）地形地貌条件：只有处于一定的地貌部位，具备一定坡度的斜坡，才可能发生滑坡。一般江、河、湖（水

滑坡的形成

库）、海、沟的斜坡，前缘开阔的山坡、铁路、公路和工程建筑物的边坡等都是易发生滑坡的地貌部位。坡度大于10度，小于45度，下陡中缓上陡、上部成环状的坡形是产生滑坡的有利地形。

（4）水文地质条件：地下水活动，在滑坡形成中起着主要作用。它的作用主要表现在：软化岩、土，降低岩、土体的强度，产生动水压力和孔隙水压力，潜蚀岩、土，增大岩、土容重，对透水岩层产生浮托力等。尤其是对滑面（带）的软化作用和降低强度的作用最突出。

不合理开挖坡角易导致斜坡失稳、发生滑坡

场地选择不当，切坡不合理，未加支护，房屋未建好已成危房

兴建房屋时，后山切坡和不合理支护留下滑坡隐患

有时候我们人类的不合理活动也会引发滑坡。

不合理的人类工程活动，如开挖坡脚、坡体上部堆载、爆破、水库蓄（泄）水、矿山开采等都可诱发滑坡，还有如海啸、风暴潮、冻融等作用也可诱发滑坡。

智慧卡片

马刀树

滑坡体上的树木随土体滑动而歪斜，在滑动停止后树干的上部又逐年转为直立状态的树木，叫马口树，又称醉汉林。它的存

老滑坡识别——醉汉林

在是滑坡的明显标志。在野外，如果你发现一片树林长得歪歪扭扭，说明这里以前发生过滑坡哦。

二、泥石流

小风铃探究

什么是泥石流？

泥石流现场

眼镜爷爷来揭秘

泥石流是指在降水、库塘溃坝或冰雪突然大量融化等因素作用下，在沟谷中或山坡上产生的一种挟带大量泥沙、石块等固体物质的特殊洪流。泥石流的俗称有"走蛟"、"出龙"和"蛟龙"等。

泥石流往往突然暴发，浑浊的流体沿着陡峻的山沟前推后拥，奔腾咆哮而下，地面为之震动、山谷犹如雷鸣。在很短时间内将大量泥沙、石块冲出沟外，在宽阔的堆积区横冲直撞、漫流堆积，常常给人类生命财产造成重大危害。

小风铃探究

泥石流的形成需要什么条件？

泥石流形成需要三个基本条件：有陡峭便于集水集物的适当地形；上游堆积有丰富的松散固体物质；短期内有突然性的大量流水来源。

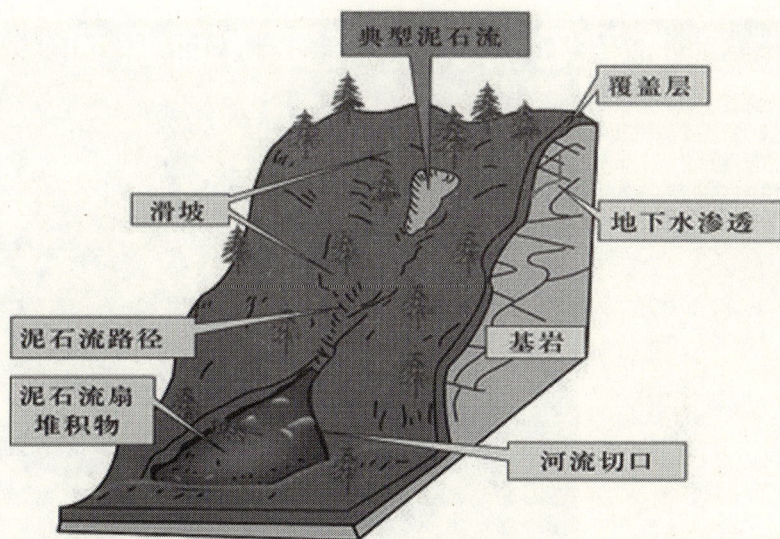

典型泥石流示意图

小风铃探究

本章首页图片表现的是舟曲泥石流，舟曲泥石流是怎么产生的，造成了怎么样的伤害？

眼镜爷爷来揭秘

舟曲泥石流为什么会发生？

（1）**地质地貌原因**。舟曲是全国滑坡、泥石流、地震三大地质灾害多发区。舟曲一带是秦岭西部的褶皱带，山

舟曲泥石流灾害有五方面原因

- 地质地貌原因
- "5·12"地震震松了山体
- 气象原因
- 瞬时的暴雨和强降雨
- 地质灾害自由的特征

体分化、破碎严重，大部分属于炭灰夹杂的土质，非常容易形成地质灾害。

（2）"5·12"地震震松了山体。 舟曲还是"5·12"地震的重灾区之一，地震导致舟曲的山体松动，极易垮塌，而山体要恢复到震前水平至少需要3~5年时间。

（3）气象原因。 当年，国内大部分地方遭遇严重干旱，这使岩体、土

舟曲泥石流前后风景对比

体收缩，裂缝暴露出来，遇到强降雨，雨水容易进入山体缝隙，形成地质灾害。

（4）瞬时的暴雨和强降雨。

（5）**地质灾害自由的特征**。地质灾害隐蔽性、突发性、破坏性强。2010年，国内发生的地质灾害有1/3是监控点以外发生的，隐蔽性很强，难以排查出来。所以一旦成灾，损失很大。

预防和减轻滑坡和泥石流灾害的措施
灾前：

1.从避免灾害的角度，安全选择建设场地。

防滑坡排水沟

防滑挡土墙

2. 采取锚桩和排水等工程措施，增加山体的稳定性。

抗滑挡土墙是滑坡防治中最常见的工程，建在滑坡前缘，阻挡滑坡滑动。

2011年8月7日拍摄的舟曲泥石流三眼峪排导渠建设现场

3. 建立滑坡和泥石流的预警和预报系统。

4. 治理泥石流常用的措施有工程措施和生物措施，或者两者结合。工程措施包括稳固沟岸，修建拦挡坝、排导渠等；生物措施主要指保护和恢复泥石流流域的植被，恢复生态以减轻灾害发生。

灾害发生时：注意观测，尽快撤离，通知邻居，上报政府。

智斗赛诸葛

如果你在野外沟谷地区遇到了泥石流，你会怎么选择？

A. 原地不动 　　　　B. 顺着沟谷向下跑

C. 顺着沟谷向上跑 　　D. 向两边山坡上跑

指点迷津

泥石流来了，立刻向与泥石流成垂直方向的两边山坡上面跑，这样才安全，答案选D。你成功地逃生了吗？

泥石流逃生

智力背囊

专家解析滑坡泥石流 （节选）

受访人：中国地质环境监测院副总工程师、研究员 刘传正

记者：《中国气象报》记者 达芹

......

记者：滑坡、泥石流的危害有哪些？

刘传正：摧枯拉朽。它们会把房子、铁路、公路等各种交通

线，农田、城镇、各种建筑物以及人员直接冲毁，破坏效果极其严重。这两种灾害的不同之处就是泥石流可以冲到很远，波及几十公里。滑坡范围相对小一些。

1999年12月15日至16日，委内瑞拉北部阿维拉山区加勒比海沿岸的8个州连降特大暴雨，造成山体大面积滑塌，数十条沟谷同时暴发大规模的泥石流，大量房屋被冲毁，多处公路被毁，大片农田被淹。据估计，该国有33.7万人受灾，14万人无家可归，死亡人数超过3万，经济损失高达100亿美元，成为20世纪最严重的泥石流灾害。

······

记者：灾害来临之前，有什么预兆么？作为普通公众，在面对滑坡和泥石流发生时应该怎么办？有哪些避险技巧或者防范措施呢？

刘传正：首先，在有条件的情况下，注意收听广播、收看电视、网络关于本地区极端气象条件和泥石流灾害预警预报信息，增强防范意识。

其次，沿山谷徒步时，一旦遭遇大雨，要迅速转移到安全的高地，不要在谷底过多停留。

再次，要注意观察周围环境，如听到远处山谷传来闷雷般的轰鸣声、看到沟谷溪水断流或溪水突然上涨等，要高度警惕，这很可能是泥石流正在发生或将要发生的征兆。

野外露营时，要选择平整的高地作为营地，尽可能避开有滚石和大量堆积物的山坡下面，不要在山谷和河沟底部扎营。

发现泥石流后，要马上向与泥石流成垂直方向的两边山坡上面爬，爬得越高越好，跑得越快越好，绝对不能沿着泥石流沟谷下游方向走。

特别提醒公众的是，要多观察，看看山坡有没有变形，鼓包、裂缝甚至是坡上物体的倾斜，这些都是预兆。

此外，从居住的角度来说，房屋不要建在泥石流的堆积区。这个地区往往是一个扇形开阔地，说明过去这里经常爆发泥石流。我们可以通过观察树木生长大小来观察泥石流的爆发位置，如果树相对于周围的比较粗大，就说明发生滑坡、泥石流的时候，这里没有被冲毁，也就是说，泥石流的最高位置是到这儿了，即所谓的"泥位"，在这以上建房子，相对保险系数就大多了。只要注意，实际上是能够避开地质灾害的。

……

参考资料:

1. 新世纪高等学校教材《自然灾害》修订版,北京师范大学出版社

2. 目击者家庭图书馆《自然灾害》,电子工业出版社

3. 中国国家地理杂志

4. 百度百科、互动百科、百度知道

5. 新华网,中国天气网,中评网,中国青年报、中国地震局等媒体

6. 本书图片部分来自网络,如昵图网等网络媒体。

图书在版编目（CIP）数据

自然灾害 / 胡祖芬，谢丽华主编. -- 南昌 ：百花洲文艺出版社，
2012.12
　（地理大千世界丛书 / 叶滢主编）
　ISBN 978-7-5500-0459-7

　Ⅰ．①自… Ⅱ．①胡… ②谢… Ⅲ．①自然灾害－青年读物②自然灾害－少年
读物 Ⅳ．①X43-49

中国版本图书馆CIP数据核字(2012)第295565号

自然灾害

策　　划　宝骏建华

主　　编　叶滢

本册主编　胡祖芬　谢丽华

出 版 人　姚雪雪
责任编辑　余苣 杨旭
特约编辑　万仁荣
美术编辑　彭威
制　　作　张诗思
出版发行　百花洲文艺出版社
社　　址　南昌市阳明路310号
邮　　编　330008
经　　销　全国新华书店
印　　刷　江西千叶彩印有限公司
开　　本　787mm×1092mm　1/16　印张 11
版　　次　2013年1月第1版第1次印刷
字　　数　120千字
书　　号　ISBN 978-7-5500-0459-7
定　　价　18.70元

赣版权登字 05-2012-163
邮购联系　0791-86894736
网　　址　http://www.bhzwy.com
图书若有印装错误，影响阅读，可向承印厂联系调换。